中国雄安集团

EXPLORATION AND PRACTICE OF
DIGITAL TWIN CITIES

数字孪生城市
探索与实践

杨 忠 刘 欣 ◎主 编
赵龙军 胡 静 ◎副主编

人民邮电出版社
北 京

图书在版编目（CIP）数据

数字孪生城市探索与实践 / 杨忠，刘欣主编.
北京 : 人民邮电出版社，2025. 8. -- ISBN 978-7-115
-63612-6

Ⅰ. TU984-39

中国国家版本馆 CIP 数据核字第 2024H0F465 号

内 容 提 要

本书详细阐述了数字孪生城市的各个方面，从总体设计到核心技术，从支撑平台到典型应用，再到生态体系建设，主要内容包括：数字孪生城市的发展背景、发展现状和发展趋势；数字孪生城市总体设计；数字孪生城市核心技术；数字孪生城市支撑平台；数字孪生城市典型应用；数字孪生生态体系建设基础、数字孪生产业发展和数字孪生生态体系构建。

总体而言，本书对于理解数字孪生城市的概念、技术特点、未来愿景和关键要素，以及了解全球实践和进行市场预测具有重要的参考价值，适合广大智慧城市建设领域的决策者、建设者及相关技术人员阅读参考。

◆ 主　　编　杨　忠　刘　欣
　　副主编　赵龙军　胡　静
　　责任编辑　杨　凌
　　责任印制　马振武

◆ 人民邮电出版社出版发行　　北京市丰台区成寿寺路 11 号
　　邮编　100164　　电子邮件　315@ptpress.com.cn
　　网址　https://www.ptpress.com.cn
　　固安县铭成印刷有限公司印刷

◆ 开本：700×1000　1/16
　　印张：13　　　　　　　　　　　2025 年 8 月第 1 版
　　字数：212 千字　　　　　　　　2025 年 8 月河北第 1 次印刷

定价：79.80 元

读者服务热线：(010)81055410　印装质量热线：(010)81055316
反盗版热线：(010)81055315

本书编委会

技术指导　张文生

主　　编　杨　忠（中国雄安集团数字城市科技有限公司）
　　　　　刘　欣（中国雄安集团数字城市科技有限公司）

副 主 编　赵龙军（中国雄安集团数字城市科技有限公司）
　　　　　胡　静（中国电子科技集团公司第十五研究所）

编　　委　董　南（北京软通智慧科技有限公司）
　　　　　李　超（中关村智慧城市产业技术创新战略联盟）
　　　　　雒冬梅（北京软通智慧科技有限公司）
　　　　　崔丹丹（中国雄安集团数字城市科技有限公司）
　　　　　王　题（中国联合网络通信有限公司）
　　　　　宗士强（太极计算机股份有限公司）
　　　　　苗　滢（中国联合网络通信有限公司）
　　　　　孙耀杰（复旦大学）
　　　　　石会昌（中关村智慧城市产业技术创新战略联盟）
　　　　　杨　杨（北京邮电大学）
　　　　　陈　菡（北京天耀宏图科技有限公司）
　　　　　黄　波（北京市长城企业战略研究所）
　　　　　孟垂实（京东城市（北京）数字科技有限公司）

参编人员　杜忠岩（中国联合网络通信有限公司）
　　　　　曹如月（中国雄安集团数字城市科技有限公司）
　　　　　宋海兴（中国雄安集团数字城市科技有限公司）
　　　　　陈金窗（中国雄安集团数字城市科技有限公司）
　　　　　李海坡（中国雄安集团数字城市科技有限公司）
　　　　　戴　岩（中国雄安集团有限公司）

刘丙辰（中国雄安集团有限公司）

梁家兴（中国雄安集团有限公司）

洪劲飞（太极计算机股份有限公司）

宫慧婕（中关村智慧城市产业技术创新战略联盟）

胡海涛（京东城市（北京）数字科技有限公司）

"数字孪生"的概念最早可以追溯到 2002 年，美国密歇根大学的迈克尔·格里夫斯（Michael Grieves）教授首次提出了物理产品在虚拟空间中的数字孪生设想。到了 2010 年，美国国家航空航天局（National Aeronautics and Space Administration，NASA）在其太空技术路线图中正式使用了"数字孪生"一词，用于描述在虚拟空间中构建一个物理对象的数字模型的过程。数字孪生城市是指通过数字技术将城市实体与虚拟世界相结合，实现城市的数字化、智能化和可视化，它的提出和发展是新一代信息技术在城市各领域综合应用的结果，为城市的可持续发展提供了新的思路和方法。

数字孪生城市是一种颠覆性的城市发展模式，是未来城市演进的关键阶段。它不仅为城市治理与发展带来了前所未有的契机，也提出了诸多挑战，促使我们重新思考城市建设和管理方式。本书深入梳理了数字孪生城市的技术进展和未来发展趋势，系统探讨了数字孪生城市的多维度特征，提出了数字孪生技术实践应用的新思路和新方法，为数字孪生城市构建提供了实践指南，旨在激发前沿的创新思维，推动数字孪生技术在城市规划、建设和治理中的深层次应用，从而实现更加高效、便捷、智能、韧性、宜居的数字城市生态系统。

本书分为 6 章。

第 1 章为数字孪生城市综述，内容主要包括数字孪生城市的发展背景、发展现状和发展趋势，讨论数字孪生城市对城市规划和治理的重要性，以及其对居民生活和城市可持续发展的潜在影响。

第 2 章介绍数字孪生城市总体设计，重点关注数字孪生城市的总体规划和设计原则，内容主要包括数字孪生城市的基本特征和技术框架，介绍如何将数字技术融入城市设计，以创建更具吸引力、高效的城市环境。

第 3 章介绍数字孪生城市核心技术，内容主要包括城市信息建模技术、城市物联网（Internet of Thing，IoT）技术和城市云网融合技术，详细探讨物联网、大数据、虚拟现实、5G 等新一代信息技术在数字孪生城市中的应用和发展。

第 4 章介绍数字孪生城市支撑平台，内容主要包括城市大数据平台、城市物联网平台、城市仿真推演平台和城市产业生态服务平台的设计和实施。数字孪生城市支撑平台能够整合各种数据和信息，以确保数字孪生城市的顺利运行。

第 5 章介绍数字孪生城市典型应用，主要涉及智慧能源、智能交通、绿色生态、工程建设、智慧园区和城市治理等领域，通过具体案例，展示数字孪生城市概念的实际应用，讨论不同城市的成功经验。

第 6 章介绍数字孪生生态体系建设，内容主要包括数字孪生生态体系建设基础、数字孪生产业发展和数字孪生生态体系构建。数字孪生城市是一个复杂的生态系统，需要政府、产业界和社会等多方合作和参与，从根本上解决新经济现象与传统产业制度的冲突，形成市场有效、政府有为、企业有利、协同高效的发展环境。

数字孪生城市是数字城市建设的新高度，也是智慧城市建设的新形态，数字孪生赋予智慧城市建设新的技术能力和基础设施支撑，将引领智慧城市建设进入新的发展阶段。本书为读者进一步了解数字孪生城市的创新与实践提供有益的参考，为提高城市规划和治理效率、促进城市可持续发展、增强城市安全性和应急响应能力、优化城市资源配置和公共服务能力以及推动智慧城市建设和发展等提供有力的支持。

未来，数字孪生城市是实现城市同步规划、同步建设的重要载体，将引领城市规划与发展的新潮流，带来更加智慧、可持续发展、绿色宜居的都市环境。数字孪生城市助推社会治理提质增效，促进城市治理体系和治理能力现代化，支撑中国式现代化发展。这一前沿科技将赋予城市前所未有的智慧与力量，使其在不断变化的世界中焕发出无限生机与活力，最终实现人与城市和谐共生的宏伟愿景，成为人类理想栖息地的典范。

在本书的撰写过程中，杨忠和刘欣两位同志负责全书的统筹管理、策划、组织和协调工作，对撰写进度和质量进行整体把控，赵龙军和胡静两位同志协助监督和评估，对内容进行深入研究、审阅和修改，共同确保本书的质量。同时，我们要向所有给予支持和帮助的人表示最诚挚的谢意。衷心感谢参与本书编写的所有作者和贡献者，他们通过深入研究、撰写和修改，不断完善书稿，付出了巨大的努力和智慧。特别感谢给予我们技术指导的专家，他们在本书的撰写过程中提供了宝贵的建议和意见，帮助我们不断完善书稿的结构和内容，他们的专业知识和经验对于保证本书的质量和水平有着至关重要的影响。

感谢大家的付出和支持，让我们能够完成这本书的撰写和出版，期待本书能够为数字孪生城市的发展和实践做出贡献，希望读者能够从中获得有关数字孪生城市的深刻见解，并将这些见解应用到实际的城市发展中，共同创造更美好的未来。

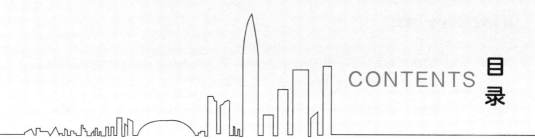

CONTENTS 目录

1 第1章
数字孪生城市综述

1.1 发展背景 ·· 002

　1.1.1 发展历程 ·· 004

　1.1.2 基本概念 ·· 006

　1.1.3 价值体现 ·· 008

1.2 发展现状 ·· 010

　1.2.1 技术发展 ·· 011

　1.2.2 实践应用 ·· 012

　1.2.3 存在的问题 ·· 014

1.3 发展趋势 ·· 014

　1.3.1 政策引领 ·· 015

　1.3.2 技术提升 ·· 019

　1.3.3 场景先行 ·· 020

2 第2章
数字孪生城市总体设计

2.1 数字孪生城市的基本特征 ······························ 024

　2.1.1 虚实共生 ·· 025

　2.1.2 精准映射 ·· 026

2.1.3　交互反馈 ································ 027

2.2　数字孪生城市的技术框架 ··············· 028

2.2.1　框架描述 ································ 029

2.2.2　支撑技术 ································ 030

3

第3章
数字孪生城市核心技术

3.1　城市信息建模技术 ····················· 035

3.1.1　GIS 数据采集技术 ···················· 036

3.1.2　BIM 数据建模技术 ···················· 039

3.1.3　CIM 构建技术 ······················· 053

3.1.4　CIM 模型渲染技术 ···················· 062

3.2　城市物联网技术 ······················· 066

3.2.1　物联网端侧技术 ······················ 067

3.2.2　物联网边侧技术 ······················ 083

3.2.3　物联网管网技术 ······················ 088

3.2.4　物联网云侧技术 ······················ 100

3.3　城市云网融合技术 ····················· 110

3.3.1　云网融合发展综述 ···················· 110

3.3.2　云网融合技术的特征 ·················· 111

3.3.3　SRv6 的优势 ························· 113

3.3.4　基于数字孪生的融合网络仿真推演技术 ·········· 117

3.3.5　时空数据管理 ························ 121

3.3.6　数据治理 ···························· 127

3.3.7　数据开发 ···························· 128

3.3.8　数据资源建设 ························ 129

第 4 章
数字孪生城市支撑平台

4.1　城市大数据平台 ⋯⋯⋯⋯⋯⋯⋯⋯⋯⋯⋯⋯⋯⋯⋯ 132

4.2　城市物联网平台 ⋯⋯⋯⋯⋯⋯⋯⋯⋯⋯⋯⋯⋯⋯⋯ 135

4.3　城市仿真推演平台 ⋯⋯⋯⋯⋯⋯⋯⋯⋯⋯⋯⋯⋯⋯ 138

　　4.3.1　总体框架 ⋯⋯⋯⋯⋯⋯⋯⋯⋯⋯⋯⋯⋯⋯⋯ 138

　　4.3.2　技术框架 ⋯⋯⋯⋯⋯⋯⋯⋯⋯⋯⋯⋯⋯⋯⋯ 139

　　4.3.3　功能框架 ⋯⋯⋯⋯⋯⋯⋯⋯⋯⋯⋯⋯⋯⋯⋯ 141

　　4.3.4　集成方法 ⋯⋯⋯⋯⋯⋯⋯⋯⋯⋯⋯⋯⋯⋯⋯ 142

　　4.3.5　基础服务 ⋯⋯⋯⋯⋯⋯⋯⋯⋯⋯⋯⋯⋯⋯⋯ 144

4.4　城市产业生态服务平台 ⋯⋯⋯⋯⋯⋯⋯⋯⋯⋯⋯⋯ 146

　　4.4.1　企业服务 ⋯⋯⋯⋯⋯⋯⋯⋯⋯⋯⋯⋯⋯⋯⋯ 146

　　4.4.2　产业服务 ⋯⋯⋯⋯⋯⋯⋯⋯⋯⋯⋯⋯⋯⋯⋯ 147

　　4.4.3　场景服务 ⋯⋯⋯⋯⋯⋯⋯⋯⋯⋯⋯⋯⋯⋯⋯ 147

　　4.4.4　区域服务 ⋯⋯⋯⋯⋯⋯⋯⋯⋯⋯⋯⋯⋯⋯⋯ 148

第 5 章
数字孪生城市典型应用

5.1　雄安新区数字孪生城市建设 ⋯⋯⋯⋯⋯⋯⋯⋯⋯⋯ 150

5.2　智慧能源领域的数字孪生应用 ⋯⋯⋯⋯⋯⋯⋯⋯⋯ 153

5.3　智能交通领域的数字孪生应用 ⋯⋯⋯⋯⋯⋯⋯⋯⋯ 154

5.4　绿色生态领域的数字孪生应用 ⋯⋯⋯⋯⋯⋯⋯⋯⋯ 155

5.5　工程建设领域的数字孪生应用 ⋯⋯⋯⋯⋯⋯⋯⋯⋯ 156

5.6　智慧园区领域的数字孪生应用 ⋯⋯⋯⋯⋯⋯⋯⋯⋯ 158

5.7　城市治理领域的数字孪生应用 ⋯⋯⋯⋯⋯⋯⋯⋯⋯ 163

第 6 章
数字孪生生态体系建设

6.1　数字孪生生态体系建设基础 ·· 168

　　6.1.1　基础能力建设 ·· 168

　　6.1.2　建设模式和路径 ·· 170

6.2　数字孪生产业发展 ··· 172

　　6.2.1　从数字孪生城市到数字孪生产业 ······················· 172

　　6.2.2　数字孪生产业的特征 ·· 174

　　6.2.3　数字孪生产业的发展趋势 ······································· 177

6.3　数字孪生生态体系构建 ·· 181

　　6.3.1　生态体系的演变规律 ·· 181

　　6.3.2　数字孪生生态基础建设 ··· 185

　　6.3.3　数字孪生生态体系架构 ··· 186

　　6.3.4　数字孪生生态发展路径 ··· 191

参考文献 ·· 195

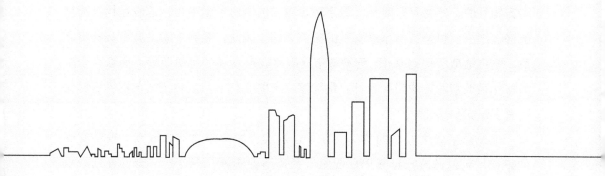

第 1 章

数字孪生城市综述

城市发展大致都要经历信息化建设、数字化建设和智慧化建设3个阶段：信息化建设阶段为城市治理奠定信息通信基础，以计算机辅助人工，实现网络互通，促使以数字形式记录信息；数字化建设阶段借助云计算和系统应用软件技术，实现各垂直领域的信息化；智慧化建设阶段通过大数据、物联网、人工智能（Artificial Intelligence，AI）等技术进行跨行业业务整合，构建智慧化生态，实现数据共享和万物互联。万物互联时代，数字孪生城市的概念应运而生，这既是科技进步的必然结果，也是城市未来发展的必由之路。因此，在数字孪生城市被提出之后，学界达成了普遍共识：智慧城市是数字城市发展的高级阶段，而数字孪生城市作为数字城市建设的目标，是智慧城市的新起点，能够给城市提供智慧化的重要设施和基础能力。

建设数字孪生城市的意义就在于让真实世界中原本成本很高、很难实现的事情，可以在虚拟世界里低成本、快速地去实施。无论是"全域规划一张图"，还是"城市治理一盘棋"，数字孪生作为新型智慧城市的基础设施，以数字化的虚拟映射来模拟城市全要素，从而打通城市级各产业之间的信息互联互通，推动新基建大潮下各领域的数字升级。因此，数字孪生城市的本质是城市级数据闭环赋能体系，通过数据的全域标识、精准感知、实时分析、融合仿真，深度挖掘数据资源价值，经过反复迭代，形成具有深度学习能力、虚实融合的管理和运营模式，从而解决城市规划、设计、建设、管理、服务过程中的诸多问题。

1.1 发展背景

一直以来，城市的发展始终与信息技术的进步紧密相关。而随着科学技术的发展，城市逐渐从工业社会向知识社会转变，城市形态也在这一转变的过程中有了新的姿态和定义。20世纪末，随着空间地理系统技术的成熟，数字城市的概念孕育而生。"数字城市"系统是一个人地（地理环境）关系系统，它体现了人与人、地与地、人与地之间的相互作用和相互关系，系统由政府、企业、市民、地理环境等既相对独立又密切相关的子系统构成。国际城市发展研究院院长指出，城市的信息化实质上是城市人地关系系统的数字化，它体现了

"人"的主导地位，通过城市信息化更好地把握城市系统的运行状态和规律，对城市的人地关系进行调控，实现系统优化，使城市成为有利于人类生存与可持续发展的空间。城市信息化过程表现为地球表面测绘与统计的信息化（数字调查与地图），政府管理与决策的信息化（数字政府），企业管理、决策与服务的信息化（数字企业），市民生活的信息化（数字城市生活）。以上4个信息化进程即数字城市。

随着物联网、云计算等新一代信息技术的应用发展，社会信息化已经可以实现全面感知、泛在互联、协同计算与融合应用，加之社交网络、Fab Lab[1]、Living Lab[2]、综合集成法等工具和方法的应用，实现了以用户创新、开放创新、大众创新、协同创新为特征的知识社会环境下的可持续创新，使城市形态在数字化基础上进一步实现了智能化，进入智慧城市形态。智慧城市是继数字城市后的城市信息化高级形态，是信息化、工业化与城镇化的深度融合，是城市转型与经济发展的转换器。智慧城市的四大基础特征体现为：全面透彻的感知、宽带泛在的互联、智能融合的应用，以及以人为本的可持续创新。

从技术发展的视角，现有智慧城市建设的效果并不如人意。因为现有的智慧城市是在已有城市系统之上的技术补丁，不利于打破数据孤岛，仅仅是根植于城市的某一局部或阶段，无法沉淀有全景价值的数据，更难以形成生态系统，也无法反映城市的系统全貌和真实状况。因而，各城市管理部门之间的协同程度不高，新技术最终沦为摆设，巨大的沉没成本令人望而却步。

2020年9月9日，在"中国数字建筑峰会2020"上，中国科学院院士、中国工程院院士李德仁在谈及数字孪生与智慧城市时说，"数字孪生用到城市里来，就是通过对物理城市的人、物、事等数字化，创造一个与之对应虚拟的城市，物理维度上的实体城市和信息维度上的数字城市共生共存、虚实交融。数字孪生城市是数字城市的目标，也是智慧城市建设的新高度"。数字孪生城市是新一代信息技术在城市的综合集成应用，是采集城市全景数据，结合5G、物联网、数字孪生技术等，在网络空间构建一个与物理世界相匹配的孪生城市，它以数字为基础，对城市治理进行运营、决策，是实现数字化治理和发展

---

1 Fab Lab，即 Fabrication Laboratory，微观装配实验室。
2 Living Lab 是一种致力于培养以用户为中心的，面向未来的科技创新模式和创新体制的全新研究开发环境。

数字经济的重要载体，是未来城市提升长期竞争力、实现精明增长和可持续发展的新型基础设施，也是一个吸引高端智力资源共同参与、持续迭代更新的城市级创新平台。

自此，"数字孪生"不再只是一种技术，而是一种发展新模式、一条转型的新路径、一股推动各行业深刻变革的新动力。"数字孪生城市"不再只是一个创新理念和技术方案，而是新型智慧城市建设发展的必由之路和未来选择。

数字孪生城市以城市物理资产为基础，依托新一代信息技术，结合物联感知、数字模型等技术手段，实现人、车、物、路、网、事件等所有物理城市要素的数字化关联，支撑在数字空间构建一个与物理真实城市相匹配、相对应的数字城市，再通过数据分析、仿真推演等技术手段，推动物理城市管理决策协同化和智能化，同时基于智能传感器等支撑决策流对物理世界的反向控制，从而达到两个世界同生共存、虚实协同的目标。数字孪生城市参考架构可分为4层——感知控制层、数字模型层、决策优化层、智能应用层，如图1-1所示。

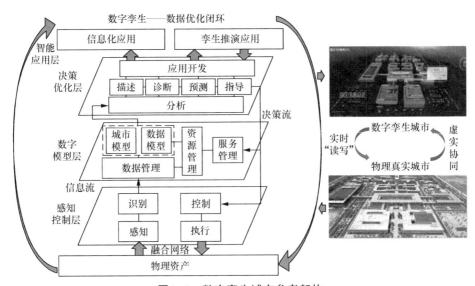

图1-1　数字孪生城市参考架构

1.1.1　发展历程

数字孪生最早的概念模型由美国密歇根大学的迈克尔·格里夫斯教授提出，

数字孪生体最早出现在美国空军实验室 2009 年提出的"机身数字孪生体"的概念中，2010 年美国国家航空航天局（NASA）将其用于描述对飞行器的真实运行活动进行镜像仿真。2011 年格里夫斯教授在其著作中引用了 NASA 先进材料和制造领域首席技术专家约翰·维克斯（John Vickers）所建议的"数字孪生体"这一名称，作为其信息镜像模型的别名。2013 年，美国空军将数字孪生体视作"游戏规则改变者"列入《全球科技愿景》。

数字孪生体的发展历程分为以下 4 个阶段。

（1）1960 年至世纪之交：数字孪生体的技术准备期

该时期主要是计算机辅助设计 / 计算机辅助工程（CAD/CAE）建模仿真、传统系统工程等预先技术的准备。

（2）2002—2010 年：数字孪生体的概念产生期

该时期出现了数字孪生体模型，预先技术继续成熟，仿真驱动设计、基于模型的系统工程等先进设计范式相继出现。

（3）2011—2020 年：数字孪生体的领先应用期

该时期，数字孪生体开始在 NASA、美国军方和通用电气等航空航天、国防军工机构领先应用。数字孪生体的定义众多，大部分厂商、工业巨头和咨询机构都有自己的定义或与自身业务相关的孪生体解决方案。自 2018 年起，ISO、IEC、IEEE[1] 三大标准化组织陆续开始着手数字孪生体相关标准化工作。

（4）2021—2030 年：数字孪生体的技术深度开发和大规模应用期

以航空航天为代表的离散制造业，是数字孪生体概念和应用的发源地。该时期，数字孪生技术的开发将与外围使能技术深度融合，其应用领域也将从智能制造等工业领域向智慧城市、数字政府等城市化、全球化领域拓展。

综上所述，数字孪生技术最先应用于工业领域，尤其是大型装备制造业。通过搭建数字孪生生产系统，实现从产品设计、生产计划到制造执行的全过程数字化。据统计，全球 40% 的大型生产商都将应用虚拟仿真技术来为它们的生产过程进行建模。

1　ISO，即 International Standards Organization，国际标准化组织；IEC，即 International Electrotechnical Commission，国际电工委员会；IEEE，即 Institute of Electrical and Electronics Engineers，电气电子工程师学会。

由于感知、网络、大数据、人工智能、控制、建模等技术的集中爆发，数字孪生的出现成为必然。尤其是传感器和低功耗广域网（Low-Power Wide-Area Network，LPWAN）技术的发展，将物理世界的动态通过传感器精准、实时地反馈到数字世界。数字化、网络化实现由实入虚，网络化、智能化实现由虚入实，通过虚实互动、持续迭代，实现物理世界的最佳有序运行。数字孪生现象是数字化浪潮的必然趋势，是数字化的理想状态，数字孪生城市也成为新型智慧城市建设发展的必经之路。

数字孪生城市是技术演进与需求升级驱动下新型智慧城市建设发展的一种新理念、新途径、新思路。虽然数字城市的提出由来已久，但全域数字化一直未能实现，这与技术发展的局限性和成熟度有关。如今数字孪生城市理念的诞生，才真正体现了数字城市意图达到的理想愿景。数字孪生城市作为狭义数字城市的终点，却是新型智慧城市建设的起点，它是城市实现智慧化的重要设施和基础能力，是城市信息化从量变走向质变的一个里程碑。

1.1.2　基本概念

1. 数字孪生

美国国防部最早提出了数字孪生的概念。他们首先在数字空间中建立真实飞机的模型，根据传感器所采集的数据，实现与飞机真实飞行状态的完全同步，并根据飞机现有情况和过去的负荷情况，分析和评估是否需要维护、是否能承受下一个任务负荷等。由此，NASA 的权威性定义为：数字孪生就是指充分运用物理模型、传感器、运行历史等数据，集成多学科、多物理量、多尺度、多概率的模拟仿真全过程，在虚拟空间中完成映射，进而反映相对应的实体设备的全生命周期过程。

近年来，数字孪生得到了越来越广泛的传播。各行各业对数字孪生的认知也更为清晰，定义也更为准确。

标准化组织对数字孪生的定义：数字孪生是具有数据连接的特定物理实体或过程的数字化表达，该数据连接可以保证物理状态和虚拟状态之间的同速率收敛，并提供物理实体或流程（过程）的整个生命周期的集成视图，从而优化整体性能。

学术界对数字孪生的定义：数字孪生是以数字化方式创建物理实体的虚拟实体，借助历史数据、实时数据以及算法模型等，模拟、验证、预测、控制物理实体全生命周期过程的技术手段。

企业对数字孪生的定义： 数字孪生是充分利用物理模型、传感器更新、运行历史等数据的仿真过程，在虚拟空间中完成映射，从而反映相对应的实体装备的全生命周期过程，是资产和流程的软件表示，用于理解、预测和优化绩效，以实现改善的业务成果。

综合以上可知，数字孪生是物理空间与虚拟空间之间虚实交融、智能操控的映射关系，具有一种实时的双向映射、动态交互特性：双向映射即本体向孪生体输出数据和建设模型，孪生体向本体反馈信息和输出优解；动态交互即根据传感器的现实数据、历史数据及物理本体附近的场景数据进行模拟仿真分析，为物理实体的后期运作提供改善与优化方案。

数字孪生技术在各行业、各领域不断深入运用，从最初的加工制造业逐步延伸扩展至城市空间，开始改变城市管理、城市服务和城市生活方式，使城市管理因决策协同、治理协同、服务协同而变得更便捷、更舒适、更高效。

2. 数字孪生城市

城市是最复杂的人造系统之一，从技术上呈现其真实状态并跟踪预测似乎是一件不可能的事情。进化生物学家、基因学家理查德·列万廷（Richard Lewontin）曾说道："我对社会学家所处的位置相当同情。他们面对着最繁复和顽抗的有机体的最复杂、最困难的现象，却不能像自然科学家那样具有操控他们所研究的对象的自由。"数字孪生在城市层面的应用有望取得突破，它能够建立一个与城市物理实体几乎一样的"城市数字孪生体"，打通物理城市和数字城市之间的实时连接和动态反馈，通过对统一数据的分析来跟踪识别城市的动态变化，使城市规划与管理更加契合城市的发展规律。

数字孪生城市，使智慧城市建设进入新时期。新型智慧城市以全新一代信息技术为基础，令物理世界和数字世界并行共生，精确映射。将全域、全行业数据加至数字模型中，进而实现全景可视化和动态智能管理。通过对数据的分析，可灵敏地发现城市管理中的关键节点；借助算法，可给出智能化决策建议，并在数字城市中仿真演练，以虚拟服务于现实。未来的城市，将虚实协作，具备自主学习、不断优化、全方位交互的能力，进而演变出高度智慧的城市新形态。数字孪生城市的核心价值，在于通过建立基于高度集成的数据闭环赋能体系，形成城市全域数字化呈现，并利用数字化模拟仿真、虚拟化交互等技术，使城市运行、管理、服务由实入虚，可在虚拟空间进行仿真建模、现象演化、智能操控、智能决策等，开辟新型智慧城市建设和治理的新模式。

综上分析，数字孪生城市是智慧城市建设的 CGB（CIM+GIS+BIM）[1] 阶段，通过数据全域标识、状态精准感知、数据实时分析、模型科学决策、智能精准执行，构建城市数据闭环赋能体系，实现城市的模拟、监控、诊断、预测和控制，消除城市规划、建设、运行、管理、服务的随机性和不确定性。

1.1.3　价值体现

数字孪生的应用价值在于实现了现实世界的物理系统与虚拟世界的数字系统之间的交互和反馈，通过数据收集、挖掘、存储和计算等技术确保在全生命周期内物理系统和数字系统之间的协同和相互适应。目前，智能制造是数字孪生的主要应用领域。通过数字孪生产品，能够设计制造流程、预测设备故障、提高运营效率以及改进产品开发，推进设计和制造的高效协同及准确执行。有学者进一步提出了数字孪生车间（Digital Twin Workshop，DTW）和数字化工厂的应用概念，将数字孪生技术的应用范围从产品扩大到车间及整个企业，旨在通过生产要素管理、生产活动计划、生产过程控制，甚至上下游供应商之间的全要素、全流程、全业务数据的集成、融合和迭代，实现更优的时间周期管理和协同生产效率。这些数字孪生的应用为数字孪生城市提供了宝贵的启示和借鉴。

随着数字孪生技术的普及和应用，逐渐发展出了数字城市、智慧城市、数字孪生城市等概念，而且这是一个进阶的过程。2020 年，国家发展改革委和中央网信办在发布的《关于推进"上云用数赋能"行动　培育新经济发展实施方案》中首次指出数字孪生是七大新一代数字技术之一，这意味着数字孪生技术被纳入了国家发展战略体系。此外，《中华人民共和国国民经济和社会发展第十四个五年规划和 2035 年远景目标纲要》提出"加快建设数字经济、数字社会、数字政府，以数字化转型整体驱动生产方式、生活方式和治理方式变革"。

1　CIM，即 City Information Model，城市信息模型；GIS，即 Geographic Information System，地理信息系统；BIM，即 Building Information Modeling，建筑信息模型。

中国信息通信研究院认为，数字孪生城市是数字孪生技术在城市层面的广泛应用，通过构建城市物理世界及网络虚拟空间——对应、相互映射、协同交互的复杂系统，在网络空间再造一个与之匹配、对应的孪生城市，实现城市全要素数字化和虚拟化、城市状态实时化和可视化、城市管理决策协同化和智能化，形成物理维度上的实体世界和信息维度上的虚拟世界同生共存、虚实交融的城市发展新格局。由此可见，数字孪生城市就是将数字孪生的概念纳入城市治理过程中，利用先进技术，使物理世界中的动态信息可以被传感器获取并传递到数字世界中，确保数字世界的实时性和保真性。借助数字化、网络化等技术实现城市由实入虚，再借助网络化、智能化技术实现城市由虚入实。通过这样不断地虚实互动，实现城市的最佳运行和治理。

数字孪生技术架构可分为物理层、数据层、模型层、功能层、应用层，对应数字孪生城市建设的端侧基础设施数字化标识、边侧数据汇聚自动化感知、管侧传输通道网络化连接、网络侧融合网络泛在互联、云侧城市信息空间模型和城市应用平台化服务，实现物理城市与数字城市的协同交互、平行运转。

（1）数字孪生推动城市数据精准表达

通过对城市各方面的传感器布置，实现对城市道路、桥梁、井盖、灯盖、建筑等基础设施的全方位数字化建模，以及对城市运行状态的充分感知、动态监测，形成虚拟城市在信息层面对实体城市的精准信息表达和映射。

（2）数字孪生赋予城市治理智慧应用

通过在数字孪生城市上规划设计、模拟仿真等，对城市有可能出现的不良影响、矛盾冲突、潜在性危险进行智能化预警，并提供合理有效的对策建议，以未来的视角智能化干涉城市原先的发展轨迹和运行，从而引导和优化实体城市的规划、管理，改善市民服务供给，赋予城市生活"智慧"。

（3）数字孪生助推数字新基建加速布局

数字孪生不断融入传统的城市基础设施建设，推动城市向着更为快捷、高效、智慧的方向演进，并将全方位推动城市海量数据的跨领域融合运用，创建安全、有序的数据开放生态，充分释放数据资源的价值，打造融合城市灾害预警、应急管理、公共服务等功能的一体化城市管理智能服务模式。此外，数字孪生还将推动城市运行的全方位数字化、智能化，让城市居民生活得更舒适、更便捷。

1.2 发展现状

数字孪生城市建设不是一蹴而就的，而是随着技术的演进不断迭代提升的过程。目前，前端传感器设备产业链相对完善，随着 5G 技术的普及，稳定高速的通信得以实现，云服务应用也在逐步深入。因此，数字孪生城市的建设基本达到了 L2 的虚实融合阶段，并向着 L3 的应用升级演进。当前阶段，结合数字孪生的城市数字化转型将从单个行业、单个环节，向由技术、数据、模型共同驱动的跨行业、全环节、融合技术、时空连续的全面数字化转型转变。

国家重点研发计划"国家新区数字孪生系统与融合网络计算体系建设"项目在雄安新区聚焦解决城市信息资源协同与计算、新型融合网络一体化、复杂场景城市推演与集成示范等关键问题，突破数字孪生框架体系及关键技术、面向智慧城市的新型融合网络体系、基于全域时空信息的智慧城市混合现实及推演技术、数字孪生体系构建及应用示范、国家新区城市发展指标与产业创新生态体系等瓶颈，赋能决策"谋定而后动"，进入 L4 的智能预测阶段。

数字孪生城市的演进如图 1-2 所示。

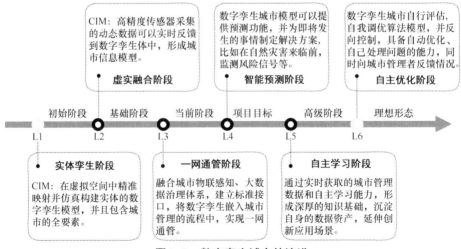

图1-2 数字孪生城市的演进

1.2.1 技术发展

高等院校及科研院所是进行数字孪生理论研究的主力。统计结果显示，全球现已有超过 1000 所高等院校、企业和科研院所开展了数字孪生研究，并且相关研究成果在学术刊物上公开发表，其中不乏德国亚琛工业大学、英国剑桥大学、美国斯坦福大学等世界一流高校。企业可将学术成果转化为生产力，目前推动国内外数字孪生技术发展的厂商主要集中在"基础支撑""数据治理""模型构建""仿真分析""平台应用"五大核心类别。

"基础支撑"是物联网的终端，包括芯片、传感器、边缘计算、监控设备等，主要用于采集数据并向网络端发送。芯片是物联网终端的核心元器件之一，目前国外主要的物联网芯片提供商包括高通、英特尔、ARM、AMD、三星、英伟达等，谷歌、华为与阿里巴巴等科技巨头也已进入该领域；传感器是物联网终端市场的重要组成部分，目前主要由美国、日本、德国的少数几家公司主导，如博世、意法半导体、德州仪器、霍尼韦尔、飞思卡尔、英飞凌、飞利浦等，国内具有代表性的企业有汉威电子、华工科技等，但市场份额相对较小；边缘计算使数据处理更靠近数据源头，可在边缘侧实现数据的采集、清理、加工、整合，从而大幅缩短时延，减少网络传输量，是物联网硬件的一个发展趋势；监控设备能够采集图像信息，结合强大的边缘设备分析能力，是智慧城市建设的重要环节，典型企业有海康威视、大华等。

"数据治理"是数字孪生构建和应用的基础。经过多年发展，工业 / 工程 / 城市场景的不同数据治理工具之间的边界正逐渐消失。国际上，Autodesk 与 Esri 建立了战略合作关系，试图把建筑信息模型和地理信息系统的数据融合起来；与此同时，Bentley Systems 与西门子、Cesium 和 AGI 等公司力推开源数字孪生联盟，形成了数据驱动的开源体系。在国内，传统地理信息系统平台软件和基于开源渲染引擎二次开发的产品开始向数字孪生平台转型，其中以泰瑞公司的 SmartTwins 数字孪生底座平台为代表。

"模型构建"是指为用户提供数据获取和建立数字化模型的服务，如测绘扫描、几何建模、网格剖分、系统建模、流程建模、组织建模等技术，市场规模达数百亿元人民币，主要由国有测绘企业主导市场，大约有 50 家企业，但目前软件性能普遍较弱，暂以采购国外软件为主。

"仿真分析"是指为数字化模型融入物理学规律和机理：不仅要建立物理对象的数字化模型，还要根据当前状态，通过物理规律和机理来计算、分析和预测物理对象的未来状态。目前以工业仿真软件为主，而且我国的 CAE 软件市场完全被外资产品占据，国内以安世亚太公司产品为代表的国产模拟仿真软件，在多年使用和代理国外产品的经验基础上开发出了国产化的替代方案，但目前还无法达到国外一线产品的水平；城市治理等复杂应用仿真软件发展较为滞后，目前只有特斯联的 AIoT[1] 体系通过将虚拟现实、三维建模以及地理信息系统技术相结合，推出了城市级仿真平台。

"平台应用"在我国城市治理综合服务平台化方面的发展主要体现在"城市大脑"的建设中。"城市大脑"将分散在城市各个角落的数据连接起来，通过对大量数据的分析和整合，对城市进行全域的分析、指挥、管理，从而实现对城市的精准分析和协同指挥。2017 年 11 月，科技部公布了依托阿里云公司建设城市大脑国家人工智能开放创新平台。2019 年 5 月 16 日，第三届世界智能大会上，360 公司的城市安全大脑亮相，它综合利用了人工智能、大数据、云计算、智能感知、区块链等新技术，保护国家、国防、关键基础设施、社会、城市及个人的安全。2021 年雄安新区建设四周年之际，雄安新区建设的通用数据平台建成并投入使用，实现了数据汇聚即生长的建设模式：第一，实现了政务数据的融合，并与社会数据、市场数据形成有效的沟通；第二，作为所有新区的信息化平台的数据层，贯穿所有的管理系统，在数据融合的基础上，支撑政府的所有应用在大数据平台上生长、发展；第三，确定统一的数据标准和数据资源目录，保证数据的资产化以及可流动、可交换、可共享。

1.2.2　实践应用

世界各国当前在数字孪生城市的实践中已初步完成了城市静态建模，主要用于指导城市的规划工作。未来，城市运行的动态数据与静态模型的融合，将

1　AIoT 即人工智能＋物联网。

为数字孪生城市的构建发挥重要的作用。随着5G、物联网产业的快速发展，数字孪生城市的理念正在稳步迈向现实。

1. 虚拟新加坡平台

2015年，新加坡政府与法国达索系统等多家公司及研究机构签订协议，启动"虚拟新加坡平台"项目。该项目计划完全依照真实物理世界中的新加坡，创建数字孪生城市信息模型。

该模型对从各种公共机构收集到的几何数据和图像数据进行开发，并将整合不同的数据源，采用必要的动态数据本体来描述城市。通过现有的地理空间和非地理空间平台协调的二维数据和信息将丰富三维新加坡城市模型的建设。先进的信息和建模技术能让"虚拟新加坡平台"融入不同的静态、动态和实时城市数据及信息来源。模型利用这些数据，可针对目标需求，实时呈现城市运行状态。"虚拟新加坡平台"于2018年面向政府、市民、企业和研究机构开放，可广泛应用于城市环境模拟仿真、城市服务分析、城市规划与管理决策、科学研究等领域。

新加坡政府同时打造了"智慧国家传感平台"，该平台部署了西门子公司基于云的开放式物联网操作系统，将统一负责新加坡境内的传感网络设备管理、数据交换、数据融合与处理。新加坡政府不仅建立了安全、高速、经济且具有可扩展性的全国通信基础设施，还建立了遍布全国的传感器网络，采集实时数据（如环境、人口密度、交通、天气、能耗和废物回收等），并对重要数据进行匿名化保护、管理以及适当共享。

2. 法国雷恩三维城市

法国城市——雷恩与达索系统公司签订协议，建立城市的数字模型，用于城市规划、决策、管理以及服务市民。在三维平台上绘制城市图形，是它们构建数字孪生城市的设想。城市规模、治理结构以及城市的交通、能源和环境等问题是它们重点考虑的因素。它们通过设计与仿真来开发整个城市的三维模型，根据不同用户群的需求对三维模型进行测试与评估，以支持城市的决策过程与调解工作。三维平台是一个协作环境，允许各方进行沟通协作，共同设计创新项目、产品和服务。它提供了可视化设计，可模拟贸易环境，还原城市及其居民的样貌，最大限度贴合现实。

3. 雄安新区数字孪生城市

2018 年 4 月，《河北雄安新区规划纲要》提出要"坚持数字城市与现实城市同步规划、同步建设，适度超前布局智能基础设施，推动全域智能化应用服务实时可控，建立健全大数据资产管理体系，打造具有深度学习能力、全球领先的数字城市"。雄安新区数字孪生城市是在大数据、人工智能、物联网、云计算等新一代信息技术不断发展，数据作用不断凸显的背景下提出的，旨在将数字技术与城市规划、治理、运行相结合，以数据支撑城市决策、运行，创新城市治理方式。

1.2.3　存在的问题

基于空间数据的模拟仿真推演、空间分析计算、深度学习等数字孪生共性技术仍存在诸多发展瓶颈。例如，未发挥全要素数据优势进行更大尺度的模拟仿真，结果的准确性有待提升，计算能力受技术储备不足的限制等，这些因素都制约了数字孪生深度集成应用的开发与推广。

数字孪生全域落地的建设难度极大，缺乏成熟的城市级数字孪生案例。短期来看，难以对当前的城市治理和服务形成立竿见影的效用；长期来看，需要从城市建模、虚实空间协同优化、智能决策支撑等方面入手，同时考虑建设难易程度，选取重点领域进行局部突破，通过示范引领带动数字孪生城市的全域有序建设。

基础设施重复建设情况严重，缺乏孪生底座整合数字孪生城市资源。城市管理部门对城市数字底图都有迫切的需求，但各领域的底图资源自成体系，一般仅支撑本系统内的应用，无法按需、随时支撑其他部门调用。长期以来，智慧城市建设没有明确的牵头部门，即使有些地方成立了大数据局，但协调统筹力度仍然不足，多张底图如何整合、由谁来整合、如何形成城市级统一的数字底图和数据资产，是数字孪生城市建设需要面对的重要挑战。

1.3　发展趋势

以数字孪生城市为基础，构建智慧城市尚处于起步阶段。雄安新区率先提出数字孪生城市建设，《河北雄安新区规划纲要》发布后，在官方解读中明确提出打造数字孪生城市。贵阳市提出从花果园超大型社区治理、数博大道等小型城市生态系统入手打造数字孪生城市。南京市江北新区提出到 2025 年率先建成"全国数字孪生第一城"。浙江省在未来社区九大场景中提出构建现实和数字孪生社区。综合来看，数字孪生城市目前大多尚在概念阶段，实践探索较少。

1.3.1　政策引领

国家大力推进新基建，一方面带动 5G、物联网、边缘计算、云计算、人工智能等支撑数字孪生城市建设的技术更加成熟，另一方面推动互联网、大数据、人工智能等技术与传统基础设施融合，形成智能融合基础设施，推动物理域向数字化、网络化、智能化方向转变，城市将在新基建的推动下，逐渐形成以数据为核心要素的泛在标识、泛在感知、泛在连接、泛在计算和泛智能化总体格局，支持精准映射和虚实融合，高水平构建智能定义一切的数字孪生城市逐渐成为可能。

《中华人民共和国国民经济和社会发展第十四个五年规划和2035年远景目标纲要》提及建设数字孪生城市，但我国的数字孪生城市整体仍处于初期探索阶段，存在数据采集门槛高、信息基础设施建设不足、平台模型标准化不高、应用层次和深度不够、关键技术领域"卡脖子"等问题。为推动数字孪生城市发展，我国也出台了一系列鼓励政策，住房和城乡建设部发布了城市信息模型基础平台技术导则，自然资源部启动了实景三维中国建设。数字孪生成为新基建的重要组成，新基建浪潮促使数字孪生城市"浮出水面"。随着新一轮科技革命和产业变革深入发展，新基建成为我国新的战略发展方向，各地纷纷出台相关政策文件，部分发达地区将数字孪生纳入新基建的建设范畴。

2019 年 11 月，自然资源部在《自然资源部信息化建设总体方案》中提出"建立三维立体自然资源'一张图'"；2019 年 12 月，住房和城乡建设部在2020 年的九大重点任务中提出"加快构建部、省、市三级 CIM 平台建设框架体系"；2020 年 2 月，工业和信息化部在《建材工业智能制造数字转型三年行动计划（2021—2023 年）》中提到"利用计算建模、实时传感、虚拟现实、仿真技术等手段"；2020 年 4 月，国家发展和改革委员会与中央网信办在《关于推进"上云用数赋智"行动　培育新经济发展实施方案》中提到"支持在具备条件的行业领域和企业范围探索大数据、人工智能、云计算、数字孪生、5G、物联网和区块链等新一代数字技术运用和集成创新"。2020 年 9 月，住房和城乡建设部发布《城市信息模型（CIM）基础平台技术导则》，指导各地开展 CIM 基础平台建设。具体如图 1-3 所示。

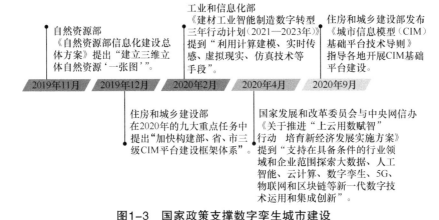

图1-3　国家政策支撑数字孪生城市建设

　　同时，数字孪生城市也成为地方信息化发展的重点方案。随着数字孪生城市在雄安新区先行先试，数字孪生建设理念深入各地的新型智慧城市及新基建规划中。省（自治区、直辖市）级层面，上海市发布《关于进一步加快智慧城市建设的若干意见》，明确提出"探索建设数字孪生城市"；海南省发布《智慧海南总体方案（2020—2025 年）》，提出"至 2025 年底，以'智慧赋能自由港''数字孪生第一省'为标志的智慧海南基本建成"；浙江省发布《浙江省未来社区建设试点工作方案》，提出"建设数字社区底座"；吉林省发布《吉林省新基建"761"工程实施方案》，提出"加快边缘计算、数字孪生、NB-IoT（窄带物联网）、人工智能、区块链等技术产业创新应用"；广东省在 2020 年 10 月发布《广东省推进新型基础设施建设三年实施方案（2020—2022 年）》，指出"探索构建'数字孪生城市'实时模型……形成集应用服务中枢、决策分析助手、治理指挥平台、规划专家系统于一体的全要素'数字孪生城市'一网通管系统"。

　　市级层面，河北雄安新区、南京、合肥、贵阳、福州、成都等地纷纷提出以建设数字孪生城市为导向推进新型智慧城市建设。《中华人民共和国国民经济和社会发展第十四个五年规划和 2035 年远景目标纲要》重点提及了"高标准高质量建设雄安新区"和"加快数字化发展　建设数字中国"，再次明确了雄安新区数字孪生城市的发展定位；南京江北新区发布《南京江北新区智慧城市 2025

规划》,将着力推动城市发展向智能化高级形态迈进,率先建设"全国数字孪生第一城";安徽省合肥市在《合肥市智慧社区建设规划(2019—2021年)》中提出"到2021年底,智慧社区全面覆盖主城区及各县(市)城区……社区网格化协同治理平台实现对社区全要素的精细协同管理";广东省广州市发布《关于进一步加快推进我市建筑信息模型(BIM)技术应用的通知》,提到"组织引导设计、施工、监理、咨询等参建各方在同一平台协同BIM应用";贵州省贵阳市发布《数博大道数字孪生城市顶层设计》,指出"到2021年底,从花果园大型社区治理、数博大道等小型城市生态系统上打造数字孪生城市";福建省厦门市2020年4月在《厦门市推进BIM应用和CIM平台建设2020—2021年工作方案》中指出"扩大BIM报建应用试点,形成项目BIM报建全生命周期覆盖",同年6月在《福州市推进新型基础设施建设行动方案(2020—2022年)》中再次提出"汇聚地理空间(GIS)、城市与建筑(CIM+BIM)、动态物联网(IoT)、经济社会关系与规则(AI)等数据信息,聚焦重点场景有序建设数字孪生城市";四川省成都市2020年10月发布《成都市智慧城市建设行动方案(2020—2022)》,提出"融合政府、企业和社会数据,叠加实时感知数据,全要素模拟城市运行状态,打造数字孪生城市"。具体见表1-1。

表1-1 各地支持数字孪生城市建设的政策

序号	地区	时间	政策名称	政策内容
1	河北雄安新区	2018年4月	《河北雄安新区规划纲要》	坚持数字城市与现实城市同步规划、同步建设,适度超前布局智能基础设施,推动全域智能化应用服务实时可控,建立健全大数据资产管理体系,打造具有深度学习能力、全球领先的数字城市
2	南京江北新区	2019年6月	《南京江北新区智慧城市2025规划》	着力推动城市发展向智能化高级形态迈进,率先建设"全国数字孪生第一城"
3	安徽省合肥市	2019年8月	《合肥市智慧社区建设规划(2019—2021年)》	到2021年底,智慧社区全面覆盖主城区及各县(市)城区……社区网格化协同治理平台实现对社区全要素的精细协同管理

序号	地区	时间	政策名称	政策内容
4	广东省广州市	2019年12月	《关于进一步加快推进我市建筑信息模型（BIM）技术应用的通知》	组织引导设计、施工、监理、咨询等参建各方在同一平台协同BIM应用
5	贵州省贵阳市	2020年1月	《数博大道数字孪生城市顶层设计》	到2021年底，从花果园大型社区治理、数博大道等小型城市生态系统上打造数字孪生城市
6	上海市	2020年2月	《关于进一步加快智慧城市建设的若干意见》	探索建设数字孪生城市，数字化模拟城市全要素生态资源，构建城市智能运行的数字底座
7	浙江省	2020年4月	《浙江省未来社区建设试点工作方案》	建设数字社区底座
8	吉林省	2020年4月	《吉林省新基建"761"工程实施方案》	加快边缘计算、数字孪生、NB-IoT（窄带物联网）、人工智能、区块链等技术产业创新应用
9	福建省厦门市	2020年4月	《厦门市推进BIM应用和CIM平台建设2020—2021年工作方案》	扩大BIM报建应用试点，形成项目BIM报建全生命周期覆盖
10	福建省福州市	2020年6月	《福州市推进新型基础设施建设行动方案（2020—2022年）》	汇聚地理空间（GIS）、城市与建筑（CIM+BIM）、动态物联网（IoT）、经济社会关系与规则（AI）等数据信息，聚焦重点场景有序建设数字孪生城市
11	海南省	2020年8月	《智慧海南总体方案（2020—2025年）》	2025年底，以"智慧赋能自由港""数字孪生第一省"为标志的智慧海南基本建成
12	广东省	2020年10月	《广东省推进新型基础设施建设三年实施方案（2020—2022年）》	探索构建"数字孪生城市"实时模型……形成集应用服务中枢、决策分析助手、治理指挥平台、规划专家系统于一体的全要素"数字孪生城市"一网通管系统

续表

序号	地区	时间	政策名称	政策内容
13	四川省成都市	2020年10月	《成都市智慧城市建设行动方案（2020—2022）》	融合政府、企业和社会数据，叠加实时感知数据，全要素模拟城市运行状态，打造数字孪生城市

以中国电子技术标准化研究院、中国信息通信研究院、赛迪信息产业（集团）有限公司为代表的单位在数字孪生的概念、技术、标准、应用实践等方面开展了大量工作，为数字孪生在中国的推广与发展发挥了重要作用。

1.3.2　技术提升

数字孪生城市的核心技术及其应用正逐步走向成熟，推动其从概念培育期进入建设实施期。技术提升主要体现在物联感知、新型测绘、建模、仿真推演、云网融合、可视化呈现、数据治理等多个维度，促进了智慧能源、智能交通、绿色生态、工程建设、智慧园区、城市治理、公共安全等领域的创新应用。

物联感知技术在数字孪生城市建设中起着关键作用，主要负责城市各类感知数据的收集与传输。上海、北京、雄安新区等地加强物联感知的统筹建设和感知资源整合，在交通、环保、市政设施等多个领域，实现传感器和物联网设备密集应用，确保数据的广泛覆盖和实时传输。物联网的碎片化问题逐步得到解决，统一的标准和协议使得不同类型设备采集的数据能够统一管理和使用，提高了感知数据的利用效率。

新型测绘技术为数字孪生城市提供精确的空间数据基础。采用高精度测绘、卫星遥感、无人机航测等先进技术，能够快速获取大范围、高精度的城市空间信息。倾斜摄影测量广泛应用于城市信息模型的构建，能够实现对城市建筑、地形等的三维重建，为数字孪生城市提供真实的三维数据支持。

建模技术涵盖从数据到模型的全流程。建筑信息建模技术广泛应用于建筑设计、建设和管理，通过建立详细的建筑信息模型，提升工程项目的效率和质量。城市信息模型平台在全国各地逐步落地，实现了对城市整个信息的集成管理，带动建筑信息建模、倾斜摄影建模、手工建模、语义建模等多种建模技术的应用和发展。模型之间的兼容性和数据转换能力显著提高，促进了城市信息模型的整合治理。

仿真推演技术通过构建虚拟环境和推演模型，对现实中的复杂系统和现象进行模拟和预测，支持物联感知数据、网络在线数据实时驱动城市仿真执行，实现对最新数据信息的快速响应以驱动城市运行的动态变化，完成仿真对象的模拟复现及其未来运行规律状态的推测演变，服务城市运行管理和应急指挥决策。

云网融合技术是数字孪生城市高效运行的重要保障。边缘计算实现了在靠近数据源的位置（如物联网设备侧）进行数据处理和分析，降低数据传输时延，提高响应速度。分布式架构实现分布式计算节点的部署，避免单点故障，提高系统的可靠性和可用性。通过云计算和边缘计算的协同工作及弹性计算能力，实现计算任务的分级处理和按需动态分配计算资源，提高资源使用效率。借助5G网络的大带宽和低时延特性，优化数据传输，实现不同网络和计算资源的跨域调度，降低计算和数据传输成本。

可视化呈现技术将复杂的数据和模型转化为直观的立体视觉形式，便于理解和决策。通过三维建模和实时渲染技术，真实再现了城市物理空间和运行状态，从而实现城市规划、建设、管理等多场景的呈现与展示。混合现实交互技术融合了虚拟现实/增强现实等新兴技术，在城市管理中的应用日益增多，可提供沉浸式的体验和互动功能，提升用户参与度和决策效率。

数据治理技术是数字孪生城市数据价值释放的关键，以空间信息为索引，城市大数据与城市信息模型平台深度融合，构建了一体化的城市信息治理体系。先进的数据融合算法和技术，支持多源异构数据的集成，显著提升了多源数据融合及综合利用能力。完善的数据治理技术和机制，加速了数据资源的流通和共享。各相关技术的逐步成熟和深度融合，将不断推动城市智慧化、数字化水平的提升。

1.3.3 场景先行

数字孪生城市是数字孪生技术在城市层面的广泛应用，其正在激活庞大的信息技术产业链，涉及技术门类较多，如新型测绘、地理信息、物联感知、三维建模、图像渲染、虚拟现实、仿真推演、深度学习、智能控制等，几乎涉及信息产业的所有链条。同时，空间信息产业纷纷入局，成为数字孪生城市建设的中坚力量。数字孪生和空间信息产业密切相关，需要空间信息采集、建模、开发、服务、应用全产业链的深度参与，空间信息产业通过数字孪生技术在智慧城市中找到了新的支点，多年的技术积累在巨大的市场空间中得以释放活力，并造就了独特的竞争优势。

全球越来越多的政府／企业开始积极部署数字孪生城市，2020年4月，英国重磅发布了《英国国家数字孪生体原则》，讲述构建国家级数字孪生体的价值、标准、原则及路线图。2020年5月，美国组建数字孪生联盟，联盟成员跨多个行业进行协作，相互学习，并开发各类应用。在我国，工业和信息化部"智能制造综合标准化与新模式应用"和"工业互联网创新发展工程"专项，以及科技部"网络化协同制造与智能工厂"和"国家新区数字孪生系统与融合网络计算体系建设"等国家层面的专项的实施，有力促进了数字孪生的发展。

企业积极关注并开展数字孪生城市建设实践，已形成多种数字孪生技术应用解决方案：一是用于城市规划仿真，形成全局最优决策；二是用于城市建设管理，项目进度可视化管控；三是用于城市常态化管理，实现"一盘棋"综合治理；四是用于交通信号仿真，最大化道路通行效能；五是用于应急演练仿真，应急预案更加贴近实战；六是用于公共安全防范，实现让"雪亮"更"明亮"；七是用于公共服务升级，提供感同身受的体验。

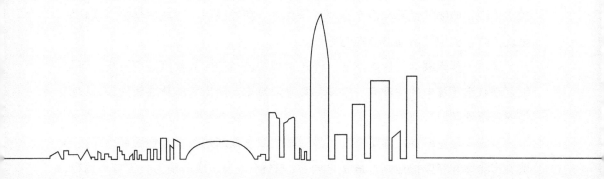

第 2 章

数字孪生城市总体设计

数字孪生城市通过构建城市物理实体的数字化镜像，模拟其在现实环境中的动态行为和发展趋势，实现对城市运行状态的实时监测、分析和预测，为城市规划、建设、管理提供科学、准确的决策依据。当前，数字孪生城市的发展呈现如下特点。

第一，虚实共生，精准映射。数字孪生城市将全域、全行业的数据加载至数字模型，使物理世界和数字世界并行共生、精准映射，以城市全景可视化的呈现方式，实现城市动态监控与管理。

第二，要素联动，由虚演实。通过对虚拟城市空间的数据进行分析，可灵敏发现城市管理中的关键点，借助仿真推演算法，给出智能化决策建议，以虚拟服务于现实。

第三，自主研判，虚实共智。通过建立高度集成的数据闭环赋能体系，形成城市全域数字虚拟空间，具备自学习、自优化、自适应的能力，使城市运行、管理、服务由实入虚，结合虚拟空间的仿真建模，支撑物理世界的反向操控和智能决策等。

2.1 数字孪生城市的基本特征

数字孪生城市是支持新型智慧城市建设的复杂综合技术体系，是物理城市在虚拟空间的映射，体现了数字孪生城市建设具备的五大特征：精准映射、云网融合、融合建模、虚实交互、仿真推演，从而支撑并推进城市规划、建设、服务，确保城市安全、有序运行。

精准映射，是指数字孪生城市通过天空、地面、地下、河道等各层面的传感器布设，实现对城市道路、桥梁、井盖、路灯、建筑物等基础设施的全面数字化信息实时采集，以及对城市运行状态的充分感知、动态监测，形成虚拟城市在信息维度上对实体城市的精准信息表达和映射。

云网融合，是在云计算中引入通信网，同时又在通信网中引入云计算，构建云网一体化基础设施，用网络的能力支撑云计算发展，用云计算的理念优化网络资源，最终促使网络资源能够适应不断变化的用户需求，赋能数字化生态建设。

融合建模，是将城市级海量、多源异构、多时空尺度、多维度的数据深度融合，实现跨领域的设计和建模，而非将不同领域的独立模型融合为一个综合的系统级模型，从而形成能够真实刻画和反映物理实际的融合数据。

虚实交互，是指通过虚拟空间和实体空间之间的互动实现信息的交互共享，从而使得城市规划、建设以及民众的各类活动不仅存在于实体空间，而且在虚拟空间也得到极大的扩充。虚实融合、虚实协同将定义城市未来发展新模式。

仿真推演，是指通过数字孪生城市的规划设计、模拟仿真等，以未来视角对城市原有的发展轨迹和运行状态进行智能干预，尽早发现城市中可能产生的不良影响、矛盾冲突、潜在危险等，提供合理可行的对策建议，赋予城市生活"智慧"。

2.1.1　虚实共生

数字孪生是多维技术融合的综合应用，在城市 AI、城市数据湖、城市孪生的协奏共谱之下，按需"虚实共生"，逐步激活城市动能。

1. 同步规划

数字孪生赋能城市规划建设，从数字呈现、网络互联到智能体验进行全方位谋划，实现数字城市与物理城市的同步规划、同步建设，对物理世界的人、物、事件等全要素进行数字化，生成全数字化城市。数字孪生城市中，可以借助符合多规合一标准的城市规划优化系统能力，对城市规划进行预判、预研、预演，在执行城市建设之前提前做好各种事务预案。传统的智慧城市往往更多关注建筑、交通、水务、园林等某一行业或领域的智慧化，而雄安新区是基于城市信息模型平台的全城智慧化，在此平台上可以对城市各专业的数据进行集成，从而达到"规划一张图、建设监管一张网、城市治理一盘棋"的新格局。

2. 同步建设

雄安新区数字城市与实体城市同步规划、同步建设，是一座虚实互动、孪生共长的数字智能之城。通过建筑信息模型系统，雄安商务服务中心就像一个生命体，其孪生的数字建筑已经生成，给排水、智能感应等系统先在上面进行模拟优化实验，再通过各部门在线多方协同会审，确保方案能精准、高效地落地到物理空间。以裁钢筋为例，传统施工经常会剩下很多钢筋边角料，但在雄安新区的智慧工地上，建筑全面支持预建模、预计算，现场材料直接组装即可，大大降低了物料浪费。

3. 同步生长

雄安新区的数字孪生城市不仅可建立建筑三维模型，而且可以支持同步生长。每建设一栋物理楼宇，在数字雄安城市信息模型平台中，便可同步生成一栋孪生数字大楼，现实中更换建筑设备，数字城市亦能同步映射。在雄安新区的数字孪生城市中，还能看到"地下"城市版本，各类综合管廊、智能控制装置部署其中。建成后的雄安新区，空中不会有电线，地上甚至很难看到一个井盖。此外，可基于数字孪生城市基础创新应用 AI、仿真推演、增强现实（Augmented Reality，AR）、混合现实（Mixed Reality，MR）等技术，通过人工智能算法学习，辅助大数据知识库专家决策，提升雄安新区的管控治理智能化水平。

2.1.2　精准映射

数字孪生的主体是面向物理实体与行为逻辑建立的数据驱动模型，孪生数据是数据驱动的基础，可以实现物理实体对象和数字世界模型对象之间的映射，集成了物联感知数据、BIM/CIM 模型数据、地理信息数据、虚实融合数据等高速产生的多来源、多种类、多结构的海量数据，支撑数字世界对物理实体的状态和行为进行全面呈现、精准表达和动态监测。

1. 城市级全域数据汇集整合

在智慧城市各行业、各领域的实际运行过程中会产生大量的基础数据，包括各类地图要素数据、监控视频数据、实时报文数据、建筑信息模型数据、城市倾斜摄影数据、传感器数据、业务系统数据、各类数据库数据等。实现数字孪生，首先要能够充分将处在不同部门、不同行业、不同系统中的不同数据格式的海量数据进行汇集整合，为数字孪生城市建设提供全面的数据支撑。

2. 城市级全息动态感知分析

在数据融合的基础上，通过数据可视化、模型定义、数据绑定等手段，构建城市级数字孪生，能够在充分整合城市各领域信息资源的基础上，对大规模城市各领域的管理要素进行精准复现，并对细分业务领域的数据指标进行多维度可视分析，实现从全域视角到微观领域对城市运行态势的全息动态感知。例如，城市管理者可以更加高效、便捷地了解城市各区的经济发展、交通早晚流量差异、城市区域人口热力对比等情况。

2.1.3　交互反馈

数字孪生城市与物理城市长期并存，不可避免地会产生大量交互与反馈需求。物理世界与数字世界之间的交互与反馈，本质是信息流与控制流的交互。流动的产生来源于变化，或者是物质与数据的状态变化，或者是人类操作交互的影响。按照流转方向的不同，可以分为以下3种：一是物理世界驱动数字世界；二是数字世界驱动物理世界；三是数字世界与物理世界交互，同步驱动。

1. 物理世界驱动数字世界

在所有城市数字孪生的初期，物理世界向数字世界发送各种控制指令，是非常普遍的情况，人类可以通过键盘、鼠标、摇杆、头盔、眼镜、服装、电极、陀螺仪等各种物理设备来影响孪生世界中数字对象的状态或行为。借助物联网技术，可以在数字孪生世界中实现物联设备与空间对象的数据融合，实现精准的匹配定位效果，并在数字孪生世界中实时展示物联设备的真实状态数据。物理世界中的实体状态变化或人类操作影响，会驱动数字世界中匹配数据项的变化。例如，在物理世界中，无论缘于任何原因，某一盏灯从熄灭状态变为点亮状态，则数字世界中对应的灯具模型也需要替换为点亮状态的可视化元素；物理世界中人类在动作捕捉设备的监控下做出一些动作，则数字世界中映射的虚拟数字人模型也会做出相似的动作。

2. 数字世界驱动物理世界

如果物理世界对数字世界的驱动只是单向存在的，那将会限制很多业务场景能力的实现。举个简单的例子，假设物理世界中的路灯已经实现了与数字世界的数据融合，在数字世界中随时可以展示路灯的启闭状态及调光亮度，此时路灯的控制权仍然处于物理世界中，必须通过手动或自动的方式来操控路灯开关。为了更彻底地实现交互反馈，可以考虑在数字世界中为路灯提供开关的定义及行为，在数字世界中操控路灯开关，再通过物联数据融合技术，反馈到物理世界的路灯开关继电器，实现数字世界对物理世界的反控效果。

3. 数字世界与物理世界交互，同步驱动

由于信息流与控制流均为状态变更驱动，则在逻辑上必然会产生一种状态冲突的可能性，那就是物理世界与数字世界中对于逻辑上的同一个实体，可能会产生状态相异的变更。假设物理世界与数字世界中均有一盏已完成数据匹配融合的多档可调光灯具，则物理世界中的调光挡位与数字世界中的调光挡位存在出现偏差的可能。物理世界与数字世界的双向交互控制，本质上为同一个物理数据源分配了多个非联动控制端。此种场景，从逻辑角度判断，缺乏明确且通用的规则来决定控制执行效果，需要考虑使用个性化控制方案。可考虑为各个控制端设定不同的优先级，以实现控制效果同步统一；也可考虑将非联动控制端更改为强制联动逻辑，并结合控制瞬间互锁，以实现控制效果强制同步。随着业务场景的拓展与延伸，也可能产生各种符合当前业务场景的个性化控制方案，最终目标就是化解数字孪生交互反馈时的控制权冲突问题。

2.2 数字孪生城市的技术框架

数字孪生城市的技术框架由基础设施层、数据层、模型层、推演层、功能层和应用层组成，如图 2-1 所示。结合物联网、边缘计算、5G 等技术，基础设施层对真实世界中的物理实体信息进行采集、传输、同步、增强之后得到可使用的通用数据；数据层基于区块链和大数据技术，完成城市全域数据的汇聚、融合、分析；模型层利用新型测绘、模型构建、VR/AR/MR 等技术完成物理世界数字化的过程，这个过程需要将物理对象表达为计算机和网络所能识别的数字模型；推演层基于既有海量数据信息，通过数据可视化建立一系列决策模型，实现对当前状态的评估、对过去发生问题的诊断，以及对未来趋势的预测，为应用服务决策提供全面、精准的决策依据；功能层和应用层，结合人工智能、大数据、云计算等技术实现数字孪生体的描述、预测及智能决策等共性应用，赋能政府用于优化社会治理，赋能各垂直行业用于增加产值，赋能公共服务体系用于提升生活品质。

图2-1 数字孪生城市的技术框架

2.2.1 框架描述

1. 基础设施层

建立数字孪生城市是以大量"空—天—地"多域城市数据作为基础的，需要为物理过程、设备配置大量的传感器，以获取物理过程及其环境的关键数据，并配合边缘计算、物联网等技术，实现城市"端—边—管—网—云"一体化的智能基础设施体系。传感器检测的数据大致可分为3类：一是监测数据，包括摄像头、雷达等动态监测数据和监测设备的运行数据（如耗电量、作业时长等）；二是环境数据，如温度、大气压力、湿度等；三是地理数据，包括城市地理信息和实景三维数据。

数字孪生需要依靠先进、可靠的数据传输技术，该技术具有更大的带宽、更低的时延，支持分布式信息汇总，并具有更高的安全性。5G技术因其低时延、大带宽、泛在网、低功耗的特点，为数字孪生技术的应用提供了基础技术支撑，包括更好的交互体验、海量设备通信以及高可靠、低时延的实时数据交互。

2. 数据层

数据层是数字孪生城市的能力中台，由两个核心功能单元承载：一是物联网单元，对城市感知体系和智能化设施进行统一接入、设备管理和反向操控；二是城市大数据单元，汇聚全域全量数据，与城市信息模型平台整合，展现城市全貌和运行状态，成为数据驱动治理模式的强大基础。

数据实时交互是实现数字孪生的一项重要技术。数字孪生模型是动态的，建模和控制基于实时上传的采样数据进行数据融合三维绑定，对信息传输和处理有较高的要求。

3. 模型层

模型层即建立物理实体虚拟映射的三维模型，模型层与数据层融合，成为城市的数字底座，是数字孪生城市精准映射、虚实互动的核心。通过模型构建，实现对物理实体形状和规律的映射，承担融合地理、机理、数据三大模型的任务，实现从构建"静态映射的物理实体"到构建"动态协同的物理实体"的转变，而后形成支撑数字孪生的海量特征数据建模技术体系和全过程技术链。

4. 推演层

推演层是基于构建好的仿真模型，结合实时及历史数据，计算、分析、预测物理对象的未来状态，包含挖掘分析和仿真预测两方面：一方面，要对静态和动态感知所获取数据的初级模型进行深入挖掘，建立更高层的知识模型，即发现一些规律、分布和关联，获取更高层语义的知识；另一方面，利用这些知识进行仿真演算，从而能够为上层应用提供发展态势的预测分析，规避潜在风险。

5. 功能层

功能层是共性技术赋能应用的支撑层，采用人工智能、大数据、区块链、VR/AR/MR、协同计算等新技术，结合可视化交互、用户画像、大数据分析、孪生推演、反向操控服务等能力，为上层应用提供高效资源调度、技术赋能与统一开发服务支撑。

6. 应用层

应用层是面向数字孪生城市的典型领域，提供城市服务应用、公众服务应用、企业应用服务等，是数字孪生城市的核心价值。

2.2.2 支撑技术

数字孪生支撑技术包括大数据、云计算、人工智能以及区块链等技术。

（1）大数据

数字孪生中的孪生数据集成了物理感知数据、模型生成数据、虚实融合数据等高速产生的多来源、多种类、多结构的全要素、全业务、全流程的海量数据。大数据管理能够从数字孪生高速产生的海量数据中提取更多有价值的信息，以解释现实事件的结果、预测现实事件的过程。数字孪生的规模弹性很大，单元级数字孪生可能在本地服务器即可满足计算与运行需求，而系统级和复杂系统级数字孪生则需要更大的计算与存储能力。

（2）云计算

云计算按需使用与分布式共享的模式可使数字孪生能借用庞大的云计算资源与数据中心，从而动态地满足数字孪生不同的计算、存储与运行需求。数字孪生凭借其准确、可靠、高保真的虚拟模型，多源、海量、可信的孪生数据，以及实时动态的虚实交互为用户提供了仿真模拟、诊断预测、可视监控、优化控制等应用服务。

（3）人工智能

人工智能通过智能匹配最佳算法，可在不需要数据专家参与的情况下，自动执行数据准备、分析、融合，对孪生数据进行深度知识挖掘，从而生成各种类型的服务。数字孪生有了人工智能的加持，可大幅提升数据的价值，以及各项服务的响应能力和服务准确性。

（4）区块链

区块链可为数字孪生的安全性提供可靠保证，可确保孪生数据不可篡改、全程留痕、可跟踪、可追溯等。具有独立性、不可变性和安全性的区块链技术，可防止数字孪生被篡改而出现错误和偏差，以保持数字孪生的安全，从而鼓励更好的创新。此外，通过区块链建立起的信任机制可以确保服务交易的安全，从而让用户安心使用数字孪生提供的各种服务。

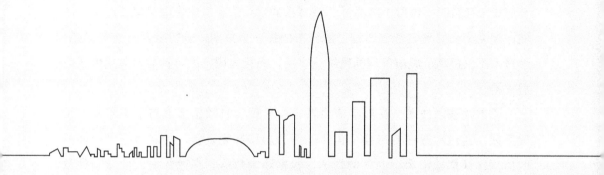

第 3 章

数字孪生城市核心技术

数字孪生城市构建的核心技术包括城市信息建模技术、城市物联网技术、城市数据资源管理技术以及城市云网融合技术。上述技术相互协同，构成了数字孪生城市的技术基石。

城市信息建模技术是构建数字孪生城市的基础。该技术涵盖了对城市中各种物理实体（如建筑、道路、桥梁、水系等）的数字化表示与建模。通过三维甚至四维（包含时间维度）的方式，将城市的空间信息与属性信息集成起来，使城市规划者和管理者能够详细了解城市的每一个角落，进行综合分析与模拟。该技术不仅提高了城市管理的精细化水平，而且为城市的可持续发展提供了数据支持。

城市物联网技术是在数字孪生城市中实现实时数据采集与动态感知的重要手段。通过布置在城市各个角落的传感器和智能设备，物联网技术能够实时监测和获取城市运行的各类数据，包括环境数据、交通数据、能源消耗数据等。这些数据通过物联网平台进行汇总和处理，为数字孪生城市提供实时、动态的数据支持，使得管理者能够实时掌握城市运行状态，进行预警和响应。

城市数据资源管理技术致力于大规模、多源数据的集成、存储、处理与应用。数字孪生城市涉及海量数据，包括地理空间数据、实时传感数据、统计数据等。通过先进的数据资源管理技术，可以实现数据的高效存储与快速检索，并对数据进行清洗、挖掘和分析，提取出有价值的信息与知识。这不仅能提高城市管理的科学决策水平，还能进一步推动数据资源的共享与开放。

城市云网融合技术是指通过云计算和网络技术的结合，实现城市数字孪生体的高效操作和服务。云计算提供强大的计算和存储能力，能够支持对城市运行的复杂模拟和数据分析；网络技术则确保数据和服务的高效传输与分发。二者的深度融合能够满足数字孪生城市在数据处理、存储与传输方面的高要求，确保城市管理操作的稳定性与实时性。

通过上述核心技术的协同发展和融合应用，数字孪生城市能够实现对物理城市全方位、多层次的数字化映射与智能化管理，推动城市的智慧化、可持续发展。

3.1　城市信息建模技术

近年来，随着智慧城市的发展，信息化集成在城市规划及建设运营中起到至关重要的作用。中国工程院吴志强院士曾在 2010 年提出"城市信息化发展要从建筑信息模型走向城市信息模型"，此时的"城市信息模型"，更多体现的是智慧城市的信息化集成与协同管理。但是随着建筑信息模型在城区各专业领域中的技术推广，结合城市地理信息系统（GIS）的技术协同应用，逐步形成了基于三维 GIS+BIM 的场景应用。发展到现在，城市信息模型（CIM）就成为以"微观建筑信息模型（BIM）+ 宏观地理空间数据（Geo-Spatial Data，GSD）+ 物联网（Internet of Things，IoT）数据"进行统一整合模式下的城市动态信息的有机综合体。

GIS 关注的数据一般尺度较大，主要包括描述地理相关的各项信息，如地形、道路、山川、河流等大范围地理信息。GIS 尺度下的城区道路骨干网如图 3-1 所示。

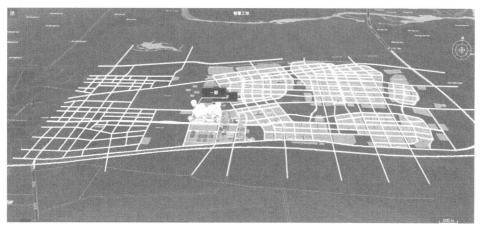

图3-1　GIS尺度下的城区道路骨干网

BIM 关注的数据一般尺度相对较小，主要包括描述建筑物相关的各项信息，如楼宇、墙体、路侧设备等具体建筑物信息。BIM 尺度下楼宇建设期间的楼体与塔吊如图 3-2 所示。

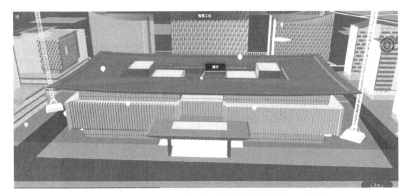

图3-2　BIM尺度下楼宇建设期间的楼体与塔吊

　　IoT关注的数据集中在物联设备上，主要包括描述物联设备的基本静态信息与各种动态感知信息，如温度、湿度、风力、照明、空调、摄像头等具体设备信息。BIM场景中已经融合绑定的部分物联设备点位信息如图3-3所示，如摄像头、空气传感器等。

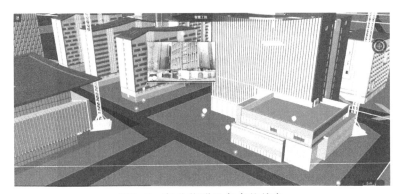

图3-3　部分物联设备点位信息

3.1.1　GIS数据采集技术

　　地理信息系统（GIS）数据采集是将各种来源的地理信息转化为计算机可处理和分析的数字形式。它是实现数字孪生城市规划、建设、运行和决策支持的基础。GIS数据主要分为属性数据和图形数据两大类。

　　（1）属性数据：描述地物特征的文字、数值等数据，如建筑物名称、用途、建筑年代、层数等。采集方法包括键盘输入、电子文件导入、API[1]自动采集等。

1　API，即Application Programming Interface，应用程序接口。

（2）图形数据：表示地理实体的空间位置和形状，通常表现为点、线和面。采集过程涉及数据源选择、数据数字化、遥感解译、外业采集及数据质量控制等步骤。

GIS 数据采集技术的系统化、标准化和科学化是确保数据质量的关键，也是 GIS 准确分析和决策的基础。

1. 数据源

根据不同获取方式与表现形式，GIS 数据源可分为以下几类，如图3-4所示。

地图数据：纸质地图、电子地图等。

遥感影像数据：航空照片、卫星影像等。

实测数据：通过实地测量获得的数据。

共享数据：来自政府、企业或其他机构的公开数据。

数字化数据：通过手动或扫描方式将纸质地图转为电子形式。

多媒体数据：包括影像、音频、视频等。

文本资料数据：从书籍、报告等文本资料中提取的数据。

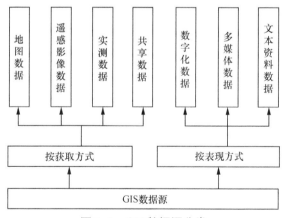

图3-4　GIS数据源分类

2. 数据采集方式

根据数据类型和应用场景的不同，GIS 数据采集方式主要包括以下几类。

（1）属性数据采集

属性数据的采集方式包括以下几种。

键盘输入：通过键盘直接输入文字和数值。

电子文件导入：从 Excel、数据库等文件中导入数据。

API 或数据服务接口：通过编程接口自动采集实时数据，如传感器数据、社会经济数据等。

（2）图形数据采集

图形数据的采集过程较为复杂，主要包括以下步骤。

① 数据源选择

选择合适的地理信息来源，如地图数据、遥感影像数据、实测数据等。

② 数据数字化

将纸质地图转化为电子形式，具体方法包括以下两种。

手动数字化：通过数字化设备手动拾取地物位置。

扫描矢量化：将纸质地图扫描成栅格图像，再通过软件转换为矢量格式。

③ 遥感解译

从遥感影像中提取地理信息，方法包括以下两种。

视觉解译：通过人工判读影像。

计算机自动解译：依赖高级算法和训练数据进行自动提取。

④ 外业采集

通过实地调研和测量获取地理数据，常用设备包括以下两种。

手持式 GIS 采集器：用于记录地物的属性和位置信息。

GNSS RTK 测绘设备：实现厘米级精度的高精度定位。

⑤ 数据质量控制

通过数据验证、误差分析、精度评估等手段，确保数据的高精度和可靠性。

（3）其他先进技术

现代 GIS 数据采集还依赖以下先进技术。

激光雷达（LiDAR）：通过激光脉冲测量地表高度和形状，生成高精度三维模型。

无人机航测：利用无人机搭载遥感设备获取高分辨率影像。

移动测量系统（Mobile Mapping System，MMS）：在移动车辆上集成激光雷达、GPS 等设备，实时采集地理数据。

3. 数据质量控制

数据质量是 GIS 分析和决策的基础。以下是常用的数据质量控制方法。

数据验证：通过对比数据源或人工检查方法，确保数据的准确性。

误差分析：评估数据采集过程中的系统误差和随机误差。

精度评估：使用统计方法（如误差椭圆、均方根误差等）衡量几何精度。

数据一致性检查：确保不同数据源之间的坐标和属性信息一致。

GIS 数据采集是一个复杂而系统的过程，涵盖了多种技术和方法。通过合理选择数据源、优化采集方式、加强质量控制等手段，可以确保 GIS 数据的高质量和可靠性。随着新技术的不断涌现，GIS 数据采集的效率和精度将进一步提升，为数字孪生城市规划、资源管理和决策支持等提供更强大的技术支持。

3.1.2 BIM数据建模技术

BIM 数据建模技术是一种集成化、数字化的建模技术，它已成为现代建筑业的重要工具。BIM 技术不仅改变了建筑设计和施工的传统方式，也促进了各类建筑利益相关者之间的协同工作。通过构建一个包含建筑物所有信息的三维数字模型，BIM 技术贯穿建筑项目的整个生命周期，包括设计、施工、运营和维护。

首先，BIM 技术的核心优势在于其能够创建高度精确的三维数字模型。这些模型不仅直观地展示了建筑物的外观和构造，还能模拟和测试建筑物的结构、功能及性能。借助这些模型，建筑设计师和工程师可以在施工之前发现潜在问题，从而进行提前修正，避免到了施工阶段才发现问题，增加昂贵的变更或返工成本。

其次，BIM 技术的另一个关键特点是其协作性。建筑项目通常需要建筑师、结构工程师、机电工程师、施工人员和业主等多方利益相关者的参与。在传统的项目管理模式下，不同专业人员之间的信息隔阂可能导致误解和错误。而BIM 作为一个共享的信息模型，所有参与方可以同时访问和操作模型，进行协同设计和建造，有效消除信息孤岛，确保各方的设计和施工计划高度一致，从而满足项目的整体需求。

再次，BIM 技术还能优化工作流程和项目管理。在项目设计、施工到运营和维护，BIM模型都能发挥重要作用。它能够帮助项目管理人员进行进度规划、成本估算和资源配置，提高工作效率，减少错误和重复劳动，从而显著提升项目的生产效率。

最后，BIM数据建模技术是一种强大且全面的数字化建筑工具。通过创建详细的三维模型和提供协同工作平台，BIM技术能够优化建筑项目的设计、施工、运营和维护过程。它不仅提高了各方利益相关者的协作和生产效率，还显著减少了错误和重复工作。在现代建筑项目中，BIM技术已成为不可或缺的工具，为实现更高效和精细化的建筑管理提供了有力支持。

1. BIM数据范围与目标

建筑信息建模是一个完备的信息模型化的过程，能够将建筑工程项目在全生命周期中各个不同阶段的工程信息、过程和资源集成在一个模型中，方便工程各参与方使用。

原始的建筑模型以手工制作为主，引入建筑信息建模技术之后，可以建立电子化的BIM。三维立体建筑模型与二维平面建筑图纸如图3-5所示，BIM中的三维立体建筑模型如图3-6所示。

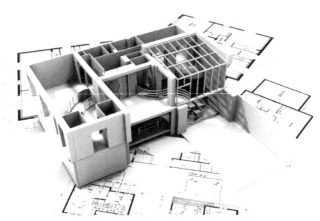

图3-5　三维立体建筑模型与二维平面建筑图纸

建筑信息建模的核心目标是通过建立虚拟的建筑工程三维模型，利用数字化技术，为这个模型提供完整的、与实际情况一致的建筑工程信息库。该信息库不仅包含描述建筑物构件的几何信息、专业属性及状态信息，还包含非构件对象（如空间、运动行为）的状态信息。借助这个包含了建筑工程信息的三维模型，大大提高了建筑工程的信息集成化程度，从而可为建筑工程项目的相关利益方提供一个工程信息交换和共享的平台。

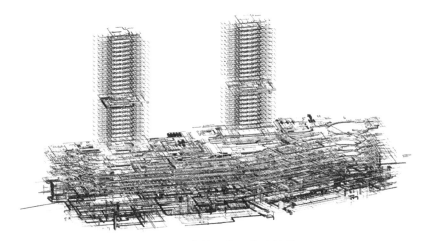

图3-6　BIM中的三维立体建筑模型

2. BIM 模型类型

（1）BIM 的建筑模型

BIM 的建筑模型主要为用户与建设者提供建筑空间参照信息，如图 3-7 所示。

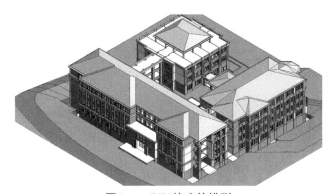

图3-7　BIM的建筑模型

可以直接以三维建模方式从无到有来建立模型，也可以基于传统的二维多面建筑设计图纸进行翻模得到 BIM，无论使用哪种方式，都需要对模型内部建筑物的墙体与天花板厚度、窗口的尺寸与位置、楼梯的台阶尺寸与位置、内部家具电气的尺寸与位置、内部上下水口的位置等信息进行精确的定义，以便后续的多专业协同工作。

（2）BIM 的结构模型

BIM 的结构模型需要描述建筑物基础结构、梁柱、钢结构等关键建筑物要素的精确位置，如图 3-8 所示。如果钢结构较多，则钢结构构件彼此之间的节点也很关键，具备了精确信息之后，将便于后续设计的精确评估与论证。

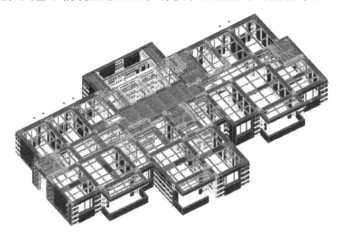

图3-8　BIM的结构模型

（3）BIM 的电气模型

建筑物内外大部分电气部件都以依附贴墙或吊顶的方式来排布，自身存在体积，会影响内饰的美观，而且过大的体积与重量还可能影响框架、天花板、墙体、梁柱的设计。电气模型也是 BIM 中的关键组成部分，可以组合用于关键方案的评估及财务决算，如图 3-9 所示。

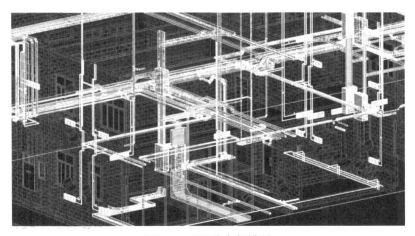

图3-9　BIM的电气模型

（4）BIM 的给排水模型

建筑物的给排水系统主要包含上水系统与下水系统，如图 3-10 所示。通过 BIM 的方式予以表达，可以直观了解上水压力分布扩散情况，并相对更容易发现下水重力分布不佳之处，并可以通过"碰撞检查"功能直观查看三维管道模型之间的冲突，有效提升设计评估效率及质量。

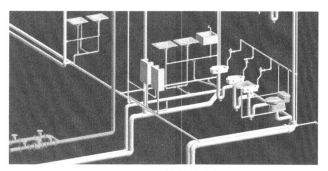

图3-10　BIM的给排水模型

（5）BIM 的暖通模型

传统的管道施工图是由不同专业的设计师分别设计的，由于暖通管道自身所占体积较大，不可避免地会与其他管道、墙体、梁柱、步道、机道产生干涉碰撞，通过 BIM 中的协调性服务功能，可以在建筑物建造前期形成各种模型并融合到同一建筑物中，对各种不同专业管道的碰撞问题进行协调。而且，暖通管道中的流体通畅性会受各种压力、形状和弯角的影响，可以基于 BIM 的暖通模型，如图 3-11 所示，引入计算流体动力学（Computational Fluid Dynamics，CFD）仿真算法模型，进行流通模拟及设计优化。

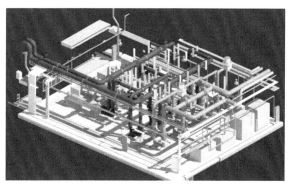

图3-11　BIM的暖通模型

3. BIM 建模软件

（1）核心建模软件

Autodesk Revit Architecture：直接采用三维建筑信息建模方式进行建筑设计，支持 BIM 工作流，所见即所得，可以模拟真实性能以便让项目各方了解成本、工期与环境影响，支持各种主流建筑文件格式（如 DWG、DXF、DGN、IFC 等）导入 / 导出。

Autodesk Revit MEP：为暖通、电气、给排水工程师提供工具，建立对应系统的 BIM，并支持激光点云数据可视化。

Autodesk Revit Structure：为结构工程师和设计师提供工具，可以更加精确地设计和建造高效的 BIM 框架，并支持在施工之前通过各种分析模型来预测性能、执行冲突检查，在成本估算中追踪材料算量。

Micro-Station：由美国 Bentley Syetems 工程软件系统有限公司出品，在国际上，是与 AutoCAD 齐名的二维与三维 CAD 软件，专用格式为 DGN，并兼容 AutoCAD 的 DWG/DXF 等格式，是建筑、土木工程、交通运输、加工工厂、离散制造业、公用事业和通信网络等领域解决方案的基础平台。

ArchiCAD：可提供独一无二的、基于 BIM 的施工文档解决方案，不同于原始的二维图纸，我们可以利用 ArchiCAD 的创建虚拟 BIM，进行各种高级解析与分析，如绿色建筑的能量分析、热量分析、管道冲突检验、安全分析等。

SolidWorks：SolidWorks 公司法国是达索系统（Dassault Systems）旗下的子公司，专做三维 CAD/CAM 等机械设计软件的视窗产品，具有应对各种设备整体及零件的强大三维建模能力，并实现了模型与工程图纸之间的双向联动。目前应用于航空航天、机车、食品、机械、国防、交通、模具、电子、通信、医疗器械、日用品 / 消费品、离散制造等领域的全球 100 多个国家和地区的约 31 000 家企业。

CATIA：CATIA 是法国达索系统的产品开发旗舰解决方案，中文名为交互式 CAD/CAE/CAM(计算机辅助设计 / 工程 / 制造) 系统。作为 PLM(产品生命周期管理) 协同解决方案的重要组成部分，它可以通过建模帮助制造厂商设计它们未来的产品，并支持从项目前阶段、具体的设计、分析、模拟、组装到维护在内的全部工业设计流程。

（2）工程绘图软件

AutoCAD：AutoCAD（Autodesk Computer Aided Design）是 Autodesk（欧特克）公司开发的自动计算机辅助设计软件，主要用于二维制图、详细绘制、设计文档和基本的三维设计，现已成为国际上流行的绘图工具。AutoCAD具有优质的用户界面，可通过交互菜单或命令行方式进行各种操作。绘图人员无须懂得编程，借助它即可自动制图，因此它在全球范围内广泛用于土木建筑、装饰装潢、工程制图、电子工业、服装加工等领域。

MicroStation：除了可以用于建筑信息建模，在工程绘图软件领域，MicroStation系列软件在技术上也一直处于遥遥领先的地位。事实上，它在计算机辅助绘图领域中扮演了一个被极力追求与模仿的对象。早在 AutoCAD 的用户还在 2.5D 的艰难绘图环境中挣扎之时，MicroStation 的用户已然开始使用完整的三维环境开展工作了。MicroStation 软件套件提供了大量实用功能，包括符合 OSF/MOTIF 标准的图形化使用界面、多视窗操作环境、参考图档（ReferenceFile）、即时在线求助、多重取消或重做（Redo/Undo）功能、硬盘即时更新、人性化操作界面、用户自定义线型（User-Defined Line styles）、平行复线（Multi-Lines）、关联式的剖面线及涂布、二维 / 三维空间布林运算、完整的抓点模式、参数化图元设计、关联式尺寸标注、影像档重叠显示与写入功能、复合曲线、依图元属性自动搜寻 / 选取功能、NURBS几何建模、辅助坐标系统、资料库连接操作、材质库、上彩及其他众多辅助绘图工具。MicroStation 代表了新一代计算机辅助绘图软件的标准，而这个标准事实上在计算机辅助绘图软件业界已然形成了一股仿效的竞争压力。

（3）方案设计软件

Onuma Planning System：用于设计初期，可以帮助设计师验证设计方案与业主设计任务书中的项目要求是否匹配，其主要功能是将业主设计任务书内部基于数字的项目要求转化为基于几何形体的建筑方案，此方案用于业主和设计师之间的沟通与方案研究论证。

Affinity Designer：通过矢量图形方式表达设计要素，支持通过视网膜视觉分辨率来查看矢量，有助于向业主提交多样化的设计建议。

方案设计软件的成果可以转到核心建模软件中进行设计深化，进一步验证并满足业主的需求，该软件与核心建模软件的关系是：方案设计软件作为前置工序软件，将信息传递给核心建模软件。

（4）几何造型软件

Sketchup：由美国软件开发公司 Lastsoftware 开发设计，先后被谷歌与 Trimble 收购。Sketchup 被人们称为最智能的建筑三维设计软件，提供免费版与商业版，并为二次开发提供了开放接口。

Rhino：中文名称为犀牛，是一款性能超强的三维建模工具，是美国 Robert McNeel & Assoc 公司开发的专业三维造型软件，可以广泛应用于三维动画制作、工业制造、科学研究以及机械设计等领域。它能轻易整合 3DS MAX 与 Softimage 的模型功能部分，对要求精细、弹性与复杂的三维 NURBS 曲面模型具有强大而流畅的构建能力。能输出 obj、DXF、IGES、STL、3dm 等不同格式，并适用于几乎所有三维设计软件，可以与 3D MAX、AutoCAD、MAYA、Softimage、Houdini、Lightwave 等三维设计软件协调配合使用。

FormZ：三维绘图软件之一，是一款备受赞赏、具有很多广泛而独特的二维/三维形状处理和雕塑功能的多用途实体和平面建模软件，对于需要经常处理有关三维空间和形状的专业人士（如建筑师、景观建筑师、城市规划师、工程师、动画和插画师、工业和室内设计师）来说是一款高效的设计工具。FormZ RADIOZITY 的光通量运算渲染模式包含了由 LightWorks 提供的光通量运算模式引擎，光线在环境里的分布可以做得更自然。

（5）结构分析软件

PKPM：由中国建筑科学研究院建筑工程软件研究所研发的工程管理软件，该研究所是我国建筑行业中最早应用计算机开发技术的单位之一，以国家级行业研发中心、规范主编单位、工程质检中心为依托，技术力量雄厚。其研发领域主要集中在建筑设计 CAD 软件、绿色建筑和节能设计软件、工程造价分析软件、施工技术和施工项目管理系统、图形支撑平台、企业和项目信息化管理系统等方面，并创造了 PKPM、ABD 等全国知名的软件品牌。PKPM 没有确切的中文名称，早期只有两个模块——PK（排架框架设计）、PMCAD（平面辅助设计），因此合称为 PKPM。现在这两个模块依然存在，功能得以大大加强，还加入了大量功能更强大的模块，但软件名称仍然保持了 PKPM。

YJK：由北京盈建科软件有限责任公司（简称"盈建科"或"YJK"）开发的建筑结构设计成套软件。该软件是面向国际市场的建筑结构设计软件，既有中国规范版，也有欧洲规范版。盈建科第一期推出了盈建科建筑结构设计软件系统，包括盈建科建筑结构计算软件（YJK-A）、盈建科基础设计软件（YJK-F）、盈建科砌体结构设计软件（YJK-M）、盈建科结构施工图辅助设计软件（YJK-D），后续还将推出钢结构设计软件和海外版本，与国内外主要的 BIM 结构设计软件全面兼容。

ETABS：由 CSI 公司开发研制的房屋建筑结构分析与设计软件，是美国乃至全球公认的高层结构计算程序，在世界范围内广泛应用，是房屋建筑结构分析与设计软件的业界标准。ETABS 除具有一般的高层结构计算功能外，还可计算多种建筑结构，如钢结构、弹簧、斜板、变截面梁等特殊构件，甚至可以计算结构基础隔震问题，功能非常强大。

STAAD：由美国工程咨询和 CAD 软件开发公司——REI(Research Engineering International)从 20 世纪 70 年代开始开发的通用有限元结构分析与设计软件，广泛应用于梁系结构分析。在中国建筑金属结构协会建筑钢结构委员会首批审批登记和 2004 年重新审定的钢结构工程设计软件中，STAAD 被评为适用于国内与国外工程的软件。2005 年 8 月，美国 Bentley Systems 公司并购了 REI 公司的 STAAD 软件产品及相关的软件开发、技术支持及销售人员。Bentley Systems 公司现已拥有 STAAD 软件产品的全部知识产权，并继续为广大用户提供高质量的软件产品和技术服务。STAAD 软件目前在全球近百个国家和地区拥有十几16 万用户，国内已有约 2000 个用户，其客户群涵盖了建筑设计院、冶金设计院、电力设计院、锅炉厂、幕墙公司、钢结构公司等诸多单位和石油、化工等领域。

Autodesk Robot Structure Analysis(以下简称 Robot)：一款由法国 Robotbat 公司开发研究，在国外得到广泛使用与认可的有限元结构计算分析软件。2008 年，Autodesk 公司收购 Robotbat 公司并将该软件更名为 Autodesk Robot Structure Analysis，推动了以 Revit 为基础的结构分析，是 Autodesk 公司在 BIM 道路上部署的重要一步。Robot 软件最大的特点就是能够与 Revit 软件之间双向无缝对接，这一特点对于将 Revit 软件作为 BIM 设计基础的用户来说是非常重要的，因为这可以使结构计算分析便利进行。Robot 软件作为 Autodesk 公司研发的结构计算分析软件，能够与 Revit 建模软件完美结合，从而避免与第三方分析软件对接产生的问题，如截面定义方式不同、材质属性不匹配、节点错位等问题。利用 Revit 的分析模块可以链接到 Robot 软件，在两款软件之间无缝地导入和导出结构模型，使两者的数据双向链接，同时计算结果也能在整个 BIM 中更新，从而节省了修改模型和转换的时间。

（6）机电分析软件

鸿业机电管综精灵：一款功能强大的建筑信息建模辅助工具软件，能够帮助用户进行各种三维机电管线综合设计工作。软件具有高效建模、智能管综、轻松深化等优点，可满足用户的各种机电管综辅助功能需求。

博超 BIM 数字化协同设计平台：一个基于数字化设计思想，以工程数据库为核心，以 Revit、AutoCAD、Inventor 作为图形支撑平台，全面满足土建、机电等专业的 BIM 设计要求的设计平台。平台以数字化模型为核心，实现了系统设计与三维布置设计的联动刷新；基于 BIM 理念，实现了"一处修改，处处联动"；依托专业的族库管理与工程数据库，可保证设计的标准化与专业性；凭借强大的施工图设计功能，可完美解决 BIM 出图问题；具有良好的开放性与集成性，可实现与第三方设计及专业计算软件的无缝集成。

Design Master Electrical：一款专业的电气设计软件，广泛应用于建筑和工程领域。它提供了全面的电气系统设计工具，包括照明、电力、通信和安全系统。用户可以利用其强大的绘图功能和自动化设计流程，快速创建精确的电气图纸和报告。软件支持多种国际电气标准，适合工程师和设计师在项目规划、设计和文档制作阶段使用。此外，它还具有材料清单生成、预算估算等功能，可帮助用户有效控制成本和提高工作效率。Design Master Electrical 的易用性和功能性使其成为电气设计专业人士的首选工具之一。

Virtual Environment(VE)：一款由英国 IES 公司设计的、性能领先的建筑性能模拟分析软件，集成了多个应用模块，通过统一的界面和数据模型，提供全面的建筑性能分析，主要功能包括三维建模、动态负荷和能耗模拟、空调系统设计、自然通风分析、日照和采光模拟、逃生分析。VE 支持与 BIM 软件集成，可提高设计效率，适用于新建建筑和现有建筑改造，帮助实现绿色建筑和可持续发展目标。

TRANE TRACE 系统软件： 空调系统知名厂商——特灵公司的产品，由特灵公司专家编制的分析工具软件包可以为设计师，以及整合系统设计与实际功能的工程师提供很大的帮助。无论是用来分析能效以确保符合 LEED 认证的要求，或者是用来评估各个系统部件选择的合理性，抑或是改善室内空气质量、噪声等问题，它都可以较好地胜任。

（7）可视化软件

3d Studio Max： 常简称为 3d Max 或 3ds MAX，是 Discreet 公司（后被 Autodesk 公司合并）开发的基于 PC 系统的三维建模渲染和制作软件，其前身是基于 DOS 操作系统的 3D Studio 系列软件。在 Windows NT 出现之前，工业级的 CG 制作被 SGI 图形工作站所垄断。3D Studio Max + Windows NT 组合的出现一下子降低了 CG 制作的门槛，首先开始运用于电脑游戏中的动画制作，后更进一步开始参与影视片的特效制作。在 Discreet 3Ds max 7 后，其正式更名为 Autodesk 3ds Max，最新版本是 3ds max 2024。

Lumion： 一款实时的三维可视化工具，用来制作电影和静帧作品，涉及建筑、规划和设计等领域，也可以传递现场演示，短短几分钟内就能创造出惊人的建筑可视化效果。

Artlantis： 由法国 Abvent 公司设计的重量级渲染引擎，也是谷歌出品的三维设计软件 Sketchup 的渲染支持引擎之一，是用于建筑物室内和室外场景的专业渲染软件，其超凡的渲染速度与质量、无比友好和简洁的用户界面令人耳目一新，被誉为建筑绘图场景、建筑效果图画和多媒体制作领域的一场革命。它的渲染速度极快，可与 SKETCHUP、3DMAX、ArchiCAD 等建筑信息建模软件无缝链接，渲染后所有的绘图与动画影像呈现让人印象深刻。

AccuRender： 由美国 Robert McNeel 公司开发的渲染软件，拥有图形学的最新技术——辐射度（Radiosity）算法，可与光线跟踪算法相结合；可以直接从 AutoCAD 三维模型中生成与照片类似的真实感渲染图像。AccuRender 可精确计算多种光学效果，包括建筑阴影效果，以及各种材料表面的透明度、漫射、反射和折射的光学效果。精确计算的光学模拟可以产生 16 700 000 种颜色（24 位 / 像素）、无限分辨率、十分逼真的复杂影像。它将用于渲染的全部信息与图形一起存盘，由于在 AutoCAD 内部运行，因此具有与 AutoCAD 一致的工作环境和直观的渲染工作界面，大大简化了学习过程，带来了前所未有的便利。AccuRender 可生成具有真实效果的虚拟现实图景，还可以进行详细的照度分析与动态漫游动画，这一切仍然在 AutoCAD 中完成。

Autodesk Showcase：该产品系列可以简化精确、逼真图像的创建流程，帮助用户利用数字样机制定明智的决策。创建物理样机的过程非常耗时而且耗资不菲——但是每台物理样机只能表现一种设计方案。作为 Autodesk 数字样机解决方案的一部分，Autodesk Showcase 软件有助于快速、轻松、经济地制定设计决策。借助该软件，可以利用三维 CAD 数据创建逼真、精确、动人的图像，对多种设计方案进行快速评估。

Lightscape：一款光照渲染软件，它特有的光能传递计算方式和材质属性所产生的独特表现效果完全不同于其他渲染软件。这种先进的光照模拟和可视化设计系统，可用于对三维模型进行精确的光照模拟和灵活方便的可视化设计。Lightscape 是世界上唯一同时拥有光影跟踪技术、光能传递技术和全息技术的渲染软件，它能精确模拟漫反射光线在环境中的传递，获得直接和间接的漫反射光线。使用者不需要积累丰富的实际经验就能得到真实、自然的设计效果。Lightscape 可轻松使用一系列交互工具进行光能传递处理、光影跟踪和结果处理。

（8）模型检查软件

Solibri Model Checker：由 Solibri 公司开发的 BIM 检查工具，专门用于自动检测和分析 BIM 中的潜在问题。它能够识别设计错误、碰撞、不规范等问题，确保模型的准确性和合规性。主要功能包括模型检查、规范符合性验证、性能分析和详细报告生成，适用于建筑设计、施工准备和质量控制等场景，可帮助提高工程效率和质量。

（9）深化设计软件

Tekla Structures：一款由 Tekla 公司开发的钢结构详图设计软件，它通过三维建模技术帮助工程师在建筑和工程领域实现精确设计。该软件的核心功能包括详图自动化、碰撞检测、制造数据输出以及施工模拟，这些功能覆盖了从概念设计到施工的整个流程。它能够自动生成施工图纸和材料清单，有效减少设计和施工过程中的错误，提高工程效率。Tekla Structures 适用于钢结构建筑、桥梁、工业设施等项目，是确保工程质量和优化施工计划的重要工具。

（10）模型综合碰撞检查软件

鲁班开发者平台：一个助力数字中国建设的综合性开发工具集。它为开发者提供模块化开发环境，支持云服务集成，简化大数据处理，并集成智能算法，以提升应用的智能化水平。此外，平台还提供 API 管理工具，方便服务的集成和调用。鲁班开发者平台适用于智慧城市、智能建筑、工业自动化和物联网等领域，可帮助企业和开发者高效制定数字解决方案，推动数字化转型和智能生态系统的构建。

鲁班智慧工地：利用 BIM、传感器、物联网、云计算、大数据等信息技术，将项目整合到同一平台，相关应用数据和智能设备采集信息在平台共享，数据集中展现、分析、预警。指标数据集中呈现，便于企业、项目管理者对现场情况进行及时了解、有效监管，改变了传统建筑施工现场参建各方现场管理的交互方式、工作方式和管理模式，可实现工程管理的可视化、智能化。

（11）造价管理软件

鲁班造价软件：基于 BIM 技术，支持图形可视化造价，可快速生成预算书和招投标文件，具备营改增税制切换和实时数据库支持功能。鲁班工程管理数字平台通过 BIM 关联施工信息，实现项目数据支撑和精细管理。而鲁班建筑信息建模算量软件则利用三维建模和云模型检查，提高工程量计算的准确性和效率。这些软件共同助力企业在造价管理、工程管理和算量计算等方面实现数字化、智能化，从而提升项目的管理效能。

广联达精装算量软件 GDQ2010：国内第一款精装修算量软件，主要针对大型公共建筑装饰工程计算精装修项目的工程量，采用 CAD 批量识别的方式。GDQ2010 融合业内最先进的三维建模和计算技术，简单、快速、准确算量、专业出量，力求解决工程造价人员在招投标、过程提量、结算对量等过程中手工计算繁杂、审核难度大、工作效率低等问题。

Innovaya 系列软件：Innovaya 公司是最早推出 BIM 施工进度管理软件的公司之一，该公司推出的 Innovaya 系列软件不仅支持施工进度管理，也支持工程算量以及造价管理。在进度管理方面，Innovaya Visual 4D Simulation 软件兼容 Autodesk 公司的 Primavera 及 Microsoft Project 施工进度软件，甚至可以与利用 Microsoft Excel 编制的进度计划进行数据集成。

（12）运营管理软件

蓝色星球资产与设施运维管理平台：由蓝色星球基于建筑信息技术开发的系列应用软件产品之一，以模型为载体，关联了资产、设施、设备、资料等信息，以及围绕运维阶段的需要，采用了物联网、异构系统集成、移动互联、二维码等应用技术，使该软件产品实现了真正意义上的基于 BIM 的资产与设施运维管理。

ArchiBUS：目前美国运用比较普遍的运维管理系统，可以通过端口与最先进的 BIM 相连接，形成有效的管理模式，提高设施设备的维护效率，降低维护成本。它是一套用于企业各项不动产与设施管理信息沟通的图形化整合性工具，建筑物、楼层、房间、机电设备、家具、装潢、保全监视设备、IT 设备、电信网络设备、空间使用情况、大楼运营维护等皆为其主要管理项目。

（13）发布审核软件

Autodesk Design Review：由 Autodesk 官方提供的一款 CAD 审图标记软件，能够让用户在没有 AutoCAD 软件的情况下查看、审阅、标记以及打印 DWF、DWG、DXF 格式的 CAD 文件。Autodesk Design Review 无法单独使用，需要安装 Autodesk DWG TrueView 之后才能使用。它以全数字化方式测量、标记、注释二维设计和三维设计，无须使用原始设计创建软件。软件可以帮助团队成员、现场人员、工程承包商、客户以及规划师在办公室或施工现场轻松、安全地对设计信息进行浏览、打印、测量和注释。

常见的 BIM 主干工作方向包括建立模型、模型整合、碰撞检查、模型渲染、呈现可视化效果等，以上介绍的 BIM 相关软件并不是全部，由于 BIM 自身的优秀特征与发展趋势，相关软件也在不断发展优化，在面向具体的工作内容时，可以根据实际需求选择使用。

3.1.3　CIM构建技术

城市信息模型是一种结合了建筑信息模型、地理信息系统、物联感知数据的数字孪生模型。其核心目标是通过生成一个完整、数字化的城市信息模型，涵盖城市中所有的建筑物、基础设施和自然环境要素，以提升城市管理的精确度和决策的科学性。CIM 的构建过程通常分为以下几个系统性步骤。

数据采集：构建 CIM 的基础。这一过程中需要利用多种数据来源，包括现场调查、遥感技术、无人机航拍和各类传感设备等，来全面收集城市各种要素的数据。这些数据包括建筑物的几何和属性信息、道路和桥梁等基础设施的状态数据、环境和生态系统的数据等。

数据处理：采集到的原始数据通常是复杂且未经整理的，因此需要进行分类、整理和筛选。通过数据清洗和转换，确保数据的准确性和一致性，并最终生成可用于建模的标准化数据集。数据处理阶段还可能涉及数据校验和补充，以修复缺失或错误的数据，提高数据质量。

数据建模：根据标准化的数据集，利用专业工具构建城市信息模型。这一过程中需生成各类建筑、设施及环境要素的三维模型，附带详细的属性信息（如结构、材料、用途等）和地理位置信息。建模的精度和详细程度直接影响后续分析和应用的效果。

分析和优化：通过对建成的 CIM 进行多角度、多维度的分析，辅助数字孪生城市建设运行，识别潜在的改进空间和问题根源，并提出相应的优化措施，支持城市的可持续发展和精细化管理。

CIM 技术的优势在于其综合性和精确性。通过整合多来源、多类型的数据和详细的属性信息，CIM 能够显著提升城市规划和管理的效率和精度。它不仅在传统的城市规划和设施管理中发挥重要作用，还可以用于决策模拟和预测。例如，通过模拟不同规划方案的效果，决策者可以选择最优的方案，从而提高决策的科学性和合理性。

1. CIM 模型构建要求

CIM 模型作为城市数字空间基础设施，是实现数字孪生城市的时空载体，是包含了地上、地面、地下，过去、现在、将来的全时空信息的城市全尺度的数字化表达，通过建立的城市数字化档案和形成的数字化资产，可以更好地为政府治理、社会民生、产业经济、应急处置等提供有效的决策依据。

自 2020 年 9 月起，住房和城乡建设部办公厅陆续发布或公开征求意见的 CIM 相关行业标准共有 9 项，其中基础类标准 2 项、通用型标准 3 项、专用类标准 4 项。从推出时序来分析，行业标准的出台是快速回应各地建设平台和数据加工的技术性要求，旨在解决项目实施落地过程中的难点问题，同时也是在不断推进工作中逐步统一认识，共同谱写 CIM 基础平台标准体系图谱。其中，《城市信息模型（CIM）基础平台技术导则》与《城市信息模型数据加工技术标准》当属对 GIS 与 BIM 数据解读最具有应用导向的篇章，详述了当前 CIM 平台功能及数据要求、CIM 数据应包含的内容范围、分级分类标准、多源异构数据加工处理方式，这些内容对于 CIM 平台建设具有硬性的要求。

《城市信息模型数据加工技术标准》科学、合理地体现了它的系统性分级体系与处理方法，使 CIM 数据具备统一规范的加工处理流程。住房和城乡建设住建部发布的标准，将三维数据对象从分类、分层、精度几个方面总结出了 CIM1～CIM7，见表 3-1。城市空间尺度数据集中在 CIM1～CIM3，以数字高程模型（Digital Elevation Model，DEM）、数字正射影像（Digital Orthophoto Map，DOM）、数字线划图（Digital Line Graphic，DLG）、倾斜摄影数据为主；室内空间以及能源与工业领域的设备设施数据集中在 CIM4～CIM7，以手工模型、BIM 为主。根据应用需求的不同，需要对各级 CIM 数据采用不同的方式进行处理，除了基本的数据类型、精度、单体化、拓扑等，需要针对三维数据单独进行多源异构的数据转换、轻量化、数据组织存储等流程，以达到快速加载显示的应用需求。

表3-1 CIM分级

模型分级	主要特征	主要内容	主要数据源	主要数据源精度	DEM格网及场地模型分辨率	DOM分辨率	模型平面精度	模型高度精度	模型纹理精度	适宜视距	主要应用场景
CIM1	地表模型	地形、行政区、水系、主要道路等	DEM、DOM、DLG等	低于1:10 000	低于30m	低于2.5m	低于10m	低于5m	—	大于10km	区域和城市群规划和建设
CIM2	框架模型	地形、行政区、建筑内外、交通、水系、植被等	DEM、DOM、DLG、房屋楼盘表、标准地址等	1:10000~1:2000	5~30m	0.5~2.5m	1~10m	2~5m	0.1~0.5m	3~10km	市域城乡规划和建设
CIM3	标准模型	地形、行政区、建筑内外、交通、植被、场地、地址、管线、城市主要部件等	DEM、DOM、DLG、城市三维人工精细模型、激光结合倾斜摄影模型、管线管廊模型、专题地图、房屋建筑工程CAD图、BIM（LOD1.0）等	1:2000~1:500	0.5~1m	0.05~0.5m	0.5~1m	0.5~2m	0.05~0.1m	300m~3km	城市规划、区规划、建设和管理
CIM4	精细模型	地形、行政区、建筑内外、交通、植被、场地、地址、管线管廊、地址、城市部件等	BIM（LOD2.0）、激光扫描室内模型、地下空间模型、管线管廊模型、房屋建筑工程CAD图等	1:500~1:200或LOD1.0	0.3~0.5m	0.05m	0.2~0.5m	0.2~0.5m	0.02~0.05m	50~300m	中心城区、重点区域规划、建设、管理、运行等

续表

模型分级	主要特征	主要内容	主要数据源	主要数据源精度	DEM格网及场地模型分辨率	DOM分辨率	模型平面精度	模型高度精度	模型纹理精度	适宜视距	主要应用场景
CIM5	功能模型	建筑内外、交通、地下空间等要素及主要功能分区	BIM（LOD3.0）、激光扫描室内模型、地下空间模型、房屋建筑工程CAD图等	LOD2.0	0.15~0.3m	—	0.05~0.2m	0.05~0.2m	0.01~0.02m	10~50m	建(构)筑物管理
CIM6	构建模型	建筑内外、交通、地下空间等要素及主要构件	BIM（LOD4.0）及同等粒度/精度的专业数据源	高于0.15m	高于0.15m	—	0.02~0.05m	0.02~0.05m	高于0.01m	5~10m	建(构)筑物设备设施管理
CIM7	零件模型	主要设备零件	—	LOD4.0	—	—	高于0.02m	高于0.02m	—	小于5m	建(构)筑物设备设施精细管理

注：BIM LOD1.0～LOD4.0数据内容及精度可参见 GB/T 51301-2018《建筑信息模型设计交付标准》。

2. CIM 模型构建过程

基于三维城市监测数据及各行业的业务数据，完善三维城市空间模型和城市时空信息的有机综合体，形成可感、可观的三维城市场景的建模技术体系。主要以 GIS 作为数据载体，BIM 技术与数据融合形成城市单体，融入 IoT 技术后形成城市运行态势的多维数据城市模型，基于全新的地理特征数据库、全域地理特征几何模型抽取多类型、大规模地理特征数据。

（1）空间数据一致化处理

空间数据的一致化处理，需要对不同测绘装备和数据源进行系统化的集成和标准化。首先，总结常用的航空倾斜影像、激光雷达系统，以及地面轻载和车载系统等测绘设备的集成方案，明确适用范围、测量范围和相关的精度及精细度。其次，为了顾及后期的数据融合，制定具有互补性的测绘模式，确保不同来源的数据在多尺度上保持统一的精度和精细度标准。再次，深入分析空中和地面获取的点云和影像数据源，全面了解其空间结构、纹理特征、覆盖范围及噪声分布等特性。最后，通过将不同数据源的点云和影像重新归算到统一的数据标准框架下，实现数据的高效整合，从而为后续的数据处理和三维建模奠定坚实的基础。

（2）城市大场景模型单体化数据准备

对于建筑、场地、交通等模型，针对该类型模型结构的特点对点云数据进行针对性边缘增强处理，优化边缘后的建筑物点云数据，形成建筑物的初始模型。

目前应用较为广泛的单体化方法包括以下 3 种：切割单体化、ID 单体化和动态单体化，见表 3-2。

切割单体化的实现思路大体如下：首先，以配套矢量面（建筑物、道路、树木等）的边界线为切割线，将点集（即建模过程中生成的高密度点云）分为内、外两个部分；再进行运算生成每一个点子集的边界，也就得到了单体化模型的边界；最后对每一个点子集进行三角剖分和优化，得出单体化模型。

ID 单体化是指结合已有的二维矢量面数据，将对应的矢量面的 ID 值作为属性赋给三角网中的每个顶点，那么同一地物对应的三角网顶点就存储了同一个 ID 值，当鼠标选中某一个三角面片时，根据这个三角面片顶点的 ID 值得到其他ID相同的三角面片并高亮显示，就实现了单独选中某一地物的效果。矢量数据集中存储ID值的字段就是关联字段，也可以指定其他字段作为关联字段。

动态单体化与前两种方法的主要区别为，动态单体化不需要对倾斜摄影模型数据进行预处理。我们将配套的二维矢量面与倾斜摄影模型加载到同一场景中，在渲染模型数据时把矢量面贴到倾斜模型对象表面，然后设置矢量面的颜色和透明度，从而实现可以单独选中地物的效果。

表3-2　单体化技术

单体化技术	技术思路	预处理时间	建模效果	GIS功能	小结与推荐
切割单体化	预先物理切割，分离地物，再分别构网	长	模型边缘锯齿感明显	与GIS联系较弱	耗时长，效果勉强，谨慎使用
ID单体化	同一地物的三角网顶点赋予相同的ID值	平均	较好	与GIS存在数据绑定	效果比较均衡，可以使用
动态单体化	叠加矢量模型场景，动态贴合，设置矢量面可视化效果	无	细致，模型边缘与屏幕分辨率一致	与GIS功能深度绑定	耗时短，效果较好，优先推荐

总的来说，目前市场上大部分三维应用中都是通过叠加配套矢量面的方式实现动态单体化，而在不支持动态渲染的环境中则多使用ID单体化的方式。例如，在WebGL客户端和移动端开发中，普遍使用ID单体化。

分类后的构筑物点云数据，通过算法加强激光点构成的真三维单体化网模型的边缘特征，使构筑物边缘还原本来光滑整齐的形状，提高生成真三维单体化模型的整体质量，同时自动对同一平面内的点云进行抽稀，减少数据冗余。

对不同项目的点云密度及构筑特色可进行构筑物边缘增强程度参数调整，经过多个大型项目实际生产验证，来源于激光雷达（LiDAR）点云构成的真三维单体化网模型非人工建模建筑，无弧面、球面简化过度现象存在。建筑模型能够保证棱角直角化，保持构筑物模型完整、棱角分明、结构清晰准确、各立面平整。

（3）城市大场景模型多视角影像处理

实景三维生产纹理均来源于倾斜航空摄影的影像数据，影像数据处理严格按照摄影测量工艺进行，通过空中三角测量得到影像数据符合测绘精度的外方位元素，保证纹理的数学精度。

（4）城市大场景模型自动解算

数据准备：数据包括各方向纠正后的匀色影像、空三外方位元素和相机文件、边缘增强后建筑物点云数据、分类提取后其他层的点云数据、各类矢量数据、DEM 数据、底视正射影像数据等。

模型自动解算：利用自主研发的自动化建模软件批量生成真三维单体化模型数据。

建筑物自动建模如图 3-12 所示。

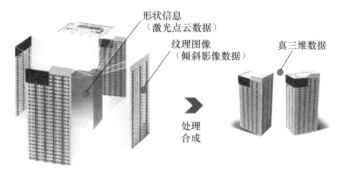

图3-12　建筑物自动建模

（5）城市大场景模型的纹理映射

自动化建模软件平台可在模型自动解算过程中同步进行纹理自动映射，自动采集倾斜影像中对应位置的地物信息，作为纹理批量映射至生成的三维基础数据表面，对已有的建筑物白膜可以利用同步照片贴图，如图 3-13 所示。

图3-13　纹理映射

由于倾斜摄影采集、后处理流程严格按照摄影测量工艺进行，保证了模型纹理空间位置的精确性，配合来源于 LiDAR 的高精度三维模型，使自动纹理映射的结果与真实环境的精度误差极小，真三维影像技术能够保证模型上每一个窗户与实际位置的绝对误差都控制在有效范围内，保证所有建筑物的几何形状（面、线、角）和纹理完整、正确。

（6）城市大场景模型输出

对输入的数据层进行模型生成及纹理映射，各分层真三维单体化模型数据可融合在真三维软件平台进行浏览及质检，生成的真三维单体化模型数据可根据项目提交的具体要求进行格式转换，经过目录结构调整即可提交符合要求的真三维单体化模型数据。

（7）建筑物底部纹理补拍

为优化倾斜摄影真三维单体化模型的展示效果，如纹理数据出现模糊、重叠或遗漏，且利用图像处理软件纠正和拼接处理无法完全处理的，需通过实地拍摄补充问题纹理数据。对于街区两侧，通过低空航空摄影、地面街景车扫描等多种方式获取建筑侧面及其他要素的纹理信息。

利用地面移动扫描获得的全景影像可以根据其外方位元素直接生成建筑物底部的正射或透视纹理，提供虚拟面阵影像。

（8）道路部件化建模

道路部件化建模中先进行点云自动分类与矢量提取，获得道路要素的轮廓线、边界线、中心线等空间特征信息，再根据这些特征信息及其空间大小、分布、方向及相互关系，区分其实体属性，如路灯、电杆、树干、交通标牌、隔离带、隔音墙等。车载系统的同步影像可以为道路部件三维模型提供纹理，根据这些道路要素的不同特征采用挤压、放样、铺设、多段连接、有约束的 TIN、真纹理符号等多种方式实现自动化三维建模。

（9）室内数据获取与建模

在技术团队轻扫研发的基础上，面向高适应性的轻载 + 背负等多模式作业的轻量级移动扫描全景系统，顾及空间数据更新、点云解算、三维建模，开发出了一款高性能、高适应性、低成本的室内数据获取、更新、建模一体化软硬件系统。基于此系统获取室内有关数据，并进行孪生建模。室内轻扫研发与三维建模如图 3-14 所示。

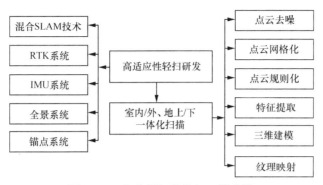

图3-14　室内轻扫研发与三维建模

（10）模型轻量化处理

在呈现三维模型时，展现在屏幕中的图像只是当前分辨率下的像素堆积。如果不产生任何变化（类似壁纸的效果），那么这种静态屏幕图片是无须轻量化处理的；但是，当其作为模型来呈现时，会进行大量的缩放、旋转、位移等操作，此时必须依托模型数据来即时计算当前屏幕呈现的内容并渲染，对应的模型数据则必须被提前加载进内存及显存；场景越大，模型数量越多，需要加载及传输的数据量就增长越明显。面对日益增长的大场景展示加载需求，以及动辄吉字节甚至太字节的模型数据，轻量化就变成了处理三维模型的必需手段。

由于模型文件内部结构的核心最小单元为三角形，每个单元三角形的内部存储字节数量是相似的，分辨率越高，三角形越多，则整体模型文件的字节数越大，因此轻量化的核心目标就是降低模型中的三角形数量。

轻量化的重要处理方式是人工处理，例如从大量模型中区分出关键内容与背景内容，然后对背景内容进行删减，关键内容可以使用一些辅助小工具进行分辨率或三角形精细度的调整，达到降低整体模型文件尺寸的效果。由于全程由人工处理并审核，因此处理效果比较精细，可完全满足客户需求，但效率明显较低。

另一种轻量化的方式是软件处理，可以导入模型文件，设定轻量化参数，如提升单元三角形边长或角度以控制三角形数量，然后由软件自动进行轻量化工作，并输出包含更少三角形的模型文件。软件处理方式的最大优点就是速度快、效率高，但是由于轻量化处理过程在黑箱中进行，因此必须对轻量化处理之后的模型进行人工检查，检查项如下：

① 轻量化处理之后的模型文件是否可以正常导入对应的后续处理软件，对应的二次开发能力是否保留；

② 模型的外观是否存在破面（破面非坡面，是由于减少三角形数量使得外部轮廓填充不饱满造成的表面缺失）或边面错乱的情况；

③ 是否存在法线翻转导致表面发黑（法线相关三角形错位填充造成表面损失）的情况；

④ 是否存在过度减面导致细节丢失的情况；

⑤ 是否保留了原模型表面的颜色与材质效果；

⑥ 每个模型组件是否还保留着原有的 ID 编号属性。

目前国内外已有多家提供轻量化能力的软件厂商，但是尚未形成国际、国内行业标准，因此需要根据实际业务系统的需求来选择轻量化服务，且不能忽略针对结果的人工检查。

（11）空间数据智能匹配

智能匹配是 CIM 模型建设的关键技术，其建立了物联网感知数据与空间模型的关联关系，使得物联网设备的运行感知数据在 CIM 中对应的准确位置得以呈现。匹配的方式主要包括人工匹配和自动匹配。人工匹配过程中，对每一个 CIM 元素和物联网设备逐一进行手动标注，标注完成即完成匹配。自动匹配则适用于处理大量物联感知数据的场景，通常借助于如 ID 绑定、经纬度绑定、位置文本的自然语言分析等技术手段，实现高效的匹配关联。然而，自动匹配可能导致一定的误差，因此在自动匹配完成后，进行人工复核与评估是必要的，以确保数据的准确性和可靠性。

3.1.4　CIM模型渲染技术

CIM 模型渲染实现主要借助于先进的 CPU 与 GPU 渲染技术、云端渲染技术，具有高效性、高保真度和可扩展性等特点。CPU 渲染技术以其高精度计算能力确保渲染细节的精细，而 GPU 渲染技术则利用强大的并行处理能力，实现高速实时渲染。云端渲染技术则进一步拓展了渲染能力，使得大规模、高复杂度的城市模型可以在云服务器上进行处理，并通过网络分发到用户终端。CIM 模型渲染技术还支持丰富的交互功能，用户可以通过鼠标、手势等方式自由地控制视角，灵活地查看不同角度下的城市场景。这一特性不仅提升了用户体验的沉浸感和直观性，还大大增强了用户在数字孪生城市规划、建设、管理过程中的操作便捷性。

1. CPU 与 GPU 渲染技术

三维模型渲染是通过计算机计算的方式从三维模型网格创建出 2D 真实感高的图像，需要计算得到三维模型在指定平面中的像素排列的投影结果，形成类似相机拍摄效果。计算过程包含光线及辅助光线、材料的材质和纹理、相机相关设置等综合变量。

从三维模型渲染的制作流程来看，排除后期制作，渲染是计算机图学（Computer Graphics，CG）中实现三维可视化过程的最后一道工序，也是最终使图像符合三维场景的阶段。

首先，必须确定三维场景中的摄像机的位置，使其和真实的目视视角一致。其次，为了体现空间感，渲染程序需要决定哪些物体在前面、哪些物体在后面、哪些物体被遮挡。渲染程序通过摄像机获取了需要渲染的范围之后，就要计算光源对物体的影响。再次，对图形是使用深度贴图阴影还是光线追踪阴影往往取决于在场景中是否使用了透明材质的物体计算光源投射出来的阴影。从次，若使用面积光源，渲染程序还需要计算一种特殊的阴影——软阴影。最后，渲染程序还需要根据物体的材质来计算物体表面的颜色。材质的类型不同、属性不同、纹理不同，都会产生不同的效果。

为了实现渲染目标，需要借助各种专业软件以充分发挥硬件效能，这些软件一般被称为渲染器，比较知名的、使用人数较多的有 V–Ray、Octane、Arnold、Redshift、Corona、Maxwell、Keyshot 等，每一款广为人知的渲染器都具有自己的特点与优势，并且对硬件有各自的应用场景与需求。

虽然 GPU 渲染技术广为人知，但是实际上不同类型的渲染工作对硬件的需求是各不相同的。市面上的渲染器软件从内部硬件的使用原理角度来看，通常可分成三大类：CPU 渲染器、GPU 渲染器、CPU+GPU 联合渲染器。

CPU 与 GPU 的区别如图 3–15 所示。

图3-15　CPU与GPU的区别

GPU 拥有非常多的核心（数量可达上千个），访问少量显存（vRAM）用时明显少于访问大量内存（RAM）用时，擅长处理大量非常具体的信息并进行快速并行处理（一次处理很多任务）；CPU 核心数量有限（一般不超过 64 核），访问大量内存速度很快，擅长处理大量一般信息并以串行方式准确处理（一次处理一个任务）。

（1）基于 CPU 的渲染：CPU 渲染是一种仅使用 CPU 渲染图像的技术，不受显卡数量或性能的限制，也不受 GPU 的 vRAM 数量的限制。

从硬件成本角度，CPU 渲染的成本相对更低一些，并可能通过分布式架构以实现更强的扩展性。同时，对于一般的工作任务，CPU 渲染往往不如 GPU 渲染更快。

（2）基于 GPU 的渲染：GPU 渲染是使用一张或多张显卡来渲染 3D 场景的过程。由于速度与多任务的优势，GPU 渲染更多用于实时渲染的任务，CIM 模型渲染使用 GPU 渲染的比例更高。

GPU 在三维渲染方面的效果比 CPU 好得多，因为它们对图形计算和并行处理进行了优化，这意味着它们能够同时处理许多任务，这与串行操作的 CPU 不同。而且由于渲染任务很容易并行化（拍摄光线、采样像素或仅渲染序列中的单个帧），拥有数千个内核的 GPU 可以轻松提升渲染性能。

与 CPU 不同，可以通过板卡插槽向计算机主机添加更多的 GPU，以获得更高的性能，具有可扩展性和灵活性。并且由于其特定的优化，GPU 可以比 CPU 更有效地执行许多其他操作（如视频编辑和转码）。

对于 Web 版 CIM 系统的浏览器呈现渲染任务，互联网图像库（Web Graphics Library，WebGL）是一种广泛使用的三维绘图协议，这种绘图技术标准允许把 JavaScript 和 OpenGL ES 2.0 结合在一起，通过增加 OpenGL

ES 2.0 的一个 JavaScript 绑定，WebGL 可以为 HTML5 Canvas 提供硬件三维加速渲染，这样 Web 开发人员就可以借助系统显卡 GPU 在浏览器中更流畅地展示三维场景和模型了，而且还能创建复杂的导航和数据可视化。显然，WebGL 技术标准免去了开发网页专用渲染插件的麻烦，可被用于创建具有复杂三维结构的网站页面，对于 Web 版 CIM 系统模型呈现发挥了重要的作用。

目前支持 WebGL 的浏览器有 Firefox 4+、Google Chrome 9+、Opera 12+、Safari 5.1+、Internet Explorer 11+ 和 Microsoft Edge build 10240+ 等。然而，WebGL 的一些特性也需要用户的硬件设备支持，对于独立显卡及集成显卡，WebGL 大部分情况下均可正常工作。

2. 云端渲染技术

云端渲染技术是一项复杂且先进的技术，主流的云端渲染结构如图 3-16 所示，云端主要由调度主机、渲染主机集群、用户公网使用端为标准的浏览器等组成。下面介绍云端渲染流程。

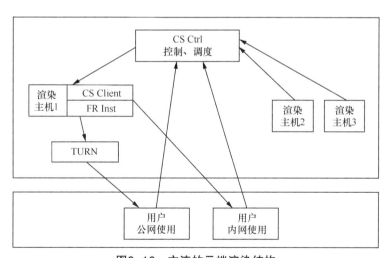

图3-16　主流的云端渲染结构

云渲染主机和控制程序的启动与通信：渲染主机上运行云渲染主机程序（CS Client），并将渲染实例信息上传至云渲染控制程序（CS Ctrl）。CS Client 和 CS Ctrl 之间通过 Websocket 进行通信，并支持分布式部署。

用户管理与资源分配：CS Ctrl 具有完善的用户管理体系，可以将渲染主机和实例分配给特定用户。有权限的用户可向 CS Ctrl 提出请求，系统将为其分配最合适的渲染主机。

服务启动与资源释放：在接收到用户请求后，CS Ctrl 通知渲染主机启动云渲染服务，并将服务地址返回给用户。用户离开时，CS Ctrl 会通知渲染主机及时关闭渲染服务，释放资源。

实时 3D 渲染与视频流转换：通用 3D 程序将渲染结果输出为图片，而在云渲染中，需要将这些结果转换成视频流输出。通过 SDK 包，实现输出重定向和高效视频编码，并处理信令传输和场景变化。

实时渲染编解码技术是云端渲染实现的重要基础。实时渲染的视频编码与传统的编码方法有所不同，传统编码依赖帧间压缩来检测帧与帧之间的变化，而实时云渲染由于只能处理前一帧的情况，因此需要对编码技术进行优化。如在 H.265 编码基础上构建了两种形式的编码控制机制：在低码率条件下保证视频流的流畅输出，和在高码率条件下扩展颜色空间，以确保在良好的网络环境中提供高还原度的视频流。此外，针对 4K 和 8K 分辨率以及宽高比悬殊的超高清分辨率视频流进行了微调，有效避免了画面撕裂或播放异常的情况。确保在不同分辨率和网络条件下，能提供稳定且高质量的视频流输出。

3.2　城市物联网技术

雄安新区的数字孪生城市建设依托先进的物联网技术，通过端、边、管、云一体化架构，实现城市规划、建设、管理和服务的智能化、精细化和高效化，全面支撑数字孪生城市的发展，如图 3-17 所示。

在端方面，通过城市各区域布置多种类型的传感器，包括智能摄像头、环境传感器、交通传感器、能源传感器等，持续采集城市运行数据，实现对城市状态的实时监控和智能调控。通过对采集到的数据将进行预处理和清洗，确保数据的准确性和可靠性，基于物联网网关，将数据传输到边缘计算层或云计算平台。

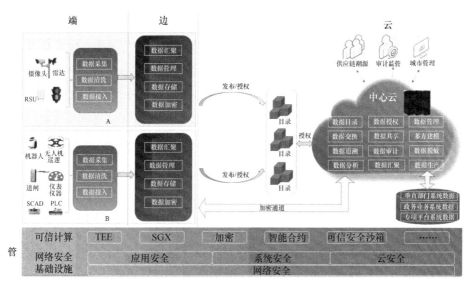

图3-17　雄安新区端、边、管、云一体化架构

在边方面，边缘计算设备将分散在各位置的数据汇聚到一起，以减少数据传输的延迟，提高数据管理能力。通过对数据进行存储、处理与分析，提供即时反馈和响应，从而减少对云计算平台的依赖。在边缘层分布部署计算节点，支持本地化的数据存储与分析，使处理更加灵活和高效。

在管方面，通过高带宽、低延迟的物联网数据传输网络，保障端、边、云之间的数据顺畅流通。采用应用安全、系统安全、云安全、网络安全基础设计及 TEE、SGX、加密、智能合约、可信安全箱技等可信计算技术，确保数据在传输过程中的机密性和完整性，防止数据泄露和篡改。通过智能路由技术，优化数据传输路径，提高传输效率和网络的可靠性。

在云方面，云计算平台提供大规模的存储基础设施，安全高效地管理城市级海量数据。利用大数据和人工智能技术，对数据进行深度分析和挖掘，支持数据驱动的决策和预测。云平台提供数据目录、数据授权、数据管理、数据交换、数据共享、数据追溯等多种功能，支持各类应用的开发和运营。该平台具备高可用性和弹性扩展能力，能够应对城市数据的快速增长和变化需求。

3.2.1　物联网端侧技术

物联网在互联网的基础上，将其用户端延伸和扩展到物与物、物与人，所有物品与网络连接，并进行信息互换与通信。物联网是互联网的外延，是通过计算机、移动终端等设备将人与网连接起来所形成的一种全新的人际连接方式。

1. 物联感知

感知层是物联网的底层领域，且是物联网的核心部分。感知层首先通过传感器等设备采集外部世界的数据，再通过 RFID 等短距离传输技术来传输数据，最后对收集到的信息进行转发，进入网络层。物联网的信息感知技术包括如下几个方面。

（1）传感器技术

物联网实现感知功能离不开传感器，传感器的最大作用是帮助人们完成对物品的实时状态信息获取和自动控制。目前，传感器的相关技术已经相对成熟，被应用于多个领域，如地质勘探、航天探索、医疗诊断、商品质检、交通安全、文物保护、机械工程等。

（2）射频识别技术

物联网中的感知层通常都要建立一个射频识别系统，该识别系统由电子标签、读写器以及中间信息系统三部分组成。其中，电子标签一般安装在物品的表面或者内嵌在物品内层，标签内存储着物品的基本信息，以便于被物联网设备识别。射频识别技术将不同的跨学科的专业技术综合在一起，如高频技术、微波与天线技术、电磁兼容技术、半导体技术、数据与密码学、制造技术和应用技术等，主要用于工业制造、物品标识等。

（3）二维码技术

二维码主要有两类：一类是堆叠式 / 行排式二维码，另一类是矩阵式二维码。堆叠式 / 行排式二维码与矩阵式二维码在形态上有所区别，前者是由一维码堆叠而成，后者是以矩阵的形式组成。两者虽然在形态上有所不同，但都采用了共同的原理：每一个二维码都有特定的字符集，都由相应宽度的"黑条"和"空白"来代替不同的字符，都有校验码等，主要用于城市管理、智慧医疗等便民服务领域。

2. 设备终端接入

物联终端可基于感知识别的物理实体确定采用的感知技术，物联网系统通过标准的数据传输协同实现万物互联。物联网云系统需要支持多网络、多协议设备的接入，关键是解决物联网协议的碎片化问题，IP 可以有效解决链路层以下的协议多样性，但更多要考虑支持面向各种场景的应用层协议。

3. 数据传输协议

物联网常用的应用层数据传输协议包括 HTTP(S)、MQTT、CoAP、LwM2M、STOMP、AMQP、Socket/WebSocket 等 [1]。Web 应用最常用的协议是 HTTP(S) 协议，但不能支持双向通信；基于 HTTP 的 WebSocket 可以实现物联网系统的双向通信，或者直接使用基于 TCP/UDP 的 Socket 通信。STOMP 是一种被广泛使用的简单面向文本的消息协议，被用于通过中间服务器（Broker）在客户端之间进行异步消息传送。企业中间件系统中最流行的消息协议是 AMQP。即时通信系统最常用的是基于 XML 的可扩展通信和表示协议（eXtensible Messaging and Presence Protocol，XMPP）。STOMP、AMQP、XMPP 这些协议也可以用于物联网系统中，实现系统的互操作，但对于资源受限的物联网系统却并不适合。物联网系统最常用的应用层协议还是 MQTT 和 CoAP，以上这些协议与之相比，在设备和网络上所需要的资源都要多得多。

（1）REST/HTTP（松耦合服务调用）

REST 即表述性状态传递，基于 HTTP 协议开发。适用范围：REST/HTTP 主要为了简化互联网中的系统架构，快速实现客户端和服务器之间交互的松耦合，降低了客户端和服务器之间的交互时延，因此适合在物联网的应用层面使用，通过 REST 开放物联网中的资源，使服务被其他应用调用。

特点如下。

① REST 指的是一组架构约束条件和原则。满足这些约束条件和原则的应用程序或设计就是 RESTful。

② 客户端和服务器之间的交互在请求之间是无状态的。

③ 在服务器端，应用程序状态和功能可以分为各种资源，它向客户端公开，每个资源都使用 URI 得到一个唯一的地址。所有资源都共享统一的界面，

1　HTTP，即 HyperText Transfer Protocol，超文本传输协议；MQTT，即 Message Queuing Telemetry Transport，消息队列遥测传输协议；CoAP，即 Constrained Application Protocol，受限应用协议；LwM2M，即 Lightweight Machine To-Machine，轻量级机器对机器通信协议；STOMP，即 Simple Text Oriented Messaging Protocol，简单文本导向信息协议；AMQP，即 Advanced Message Queuing Protocol，高级消息队列协议。

以便在客户端和服务器之间传输状态。

④ 使用的是标准的 HTTP 方法，如 GET、PUT、POST 和 DELETE。

REST/HTTP 其实是互联网中的服务调用 API 封装风格，物联网中的数据采集到物联网应用系统中，在物联网应用系统中，可以通过开放 REST API 的方式，把数据服务开放出去，被互联网中的其他应用所调用。

REST/HTTP(S) 是在 REST/HTTP 的基础上增加了安全机制，适用于安全性要求高的设备或场景。REST/HTTP(S)、REST/HTTP 协议，支持 HTTP 层统一开发接口，多用于 SAAS 层各种服务功能的实现。

（2）MQTT

MQTT 是由 IBM 开发的即时通信协议，相比来说比较适合物联网场景。MQTT 协议采用发布 / 订阅模式，所有的物联网终端都通过 TCP 连接到云端，云端通过主题的方式管理各个设备关注的通信内容，负责转发设备与设备之间的消息。

特点如下。

① 使用基于代理的发布 / 订阅消息模式，提供一对多的消息发布。

② 使用 TCP/IP 提供网络连接。

③ 小型传输，开销很小（固定长度的头部是 2Bytes），协议交换最小化，以降低网络流量。

④ 支持 QoS，有 3 种消息发布服务质量："至多一次""至少一次""只有一次"。

MQTT 协议一般适用于设备数据采集到端、集中星形网络架构（hub-and-spoke），不适用于设备与设备之间的通信，设备控制能力弱，另外实时性较差，一般都在秒级，多用于一对多、实时性要求低的低功耗物联设备，如温度传感器等。MQTT 协议如图 3-18 所示。

（3）CoAP

CoAP 基于 UDP，并且数据很容易转换为 HTTP。相比 MQTT，CoAP 更轻量级，适用于内存更小的低功耗设备。适用范围：CoAP 协议名字的含义是"受限应用协议"，顾名思义，可以使用在资源受限的物联网设备上。CoAP 是简化了 HTTP 的 RESTful API，是 6LowPAN 协议栈中的应用层协议，适用于资源受限的通信的 IP 网络。

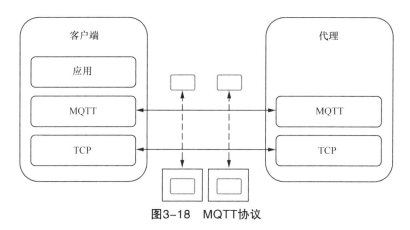

图3-18　MQTT协议

特点如下。

① 报头压缩：CoAP 包含一个紧凑的二进制报头和扩展报头。它只有4Bytes 的基本报头，基本报头后面跟扩展选项。一个典型的请求报头为 10～20Bytes。

② 方法和 URIs：为了实现客户端访问服务器上的资源，CoAP 支持 GET、PUT、POST 和 DELETE 等方法。此外，CoAP 还支持 URIs，这是 Web 架构的主要特点。

③ 传输层使用 UDP：CoAP 协议建立在 UDP 之上，以减少开销和支持组播功能。此外，它也支持一个简单的停止和等待的可靠性传输机制。

④ 支持异步通信：HTTP 对 M2M 通信不适用，这是由于事务总是由客户端发起。而 CoAP 协议支持异步通信，这对 M2M 通信应用来说是常见的休眠/唤醒机制。

⑤ 支持资源发现：为了自主地发现和使用资源，它支持内置的资源发现格式，用于发现设备上的资源列表，或者用于设备向服务目录公告自己的资源。它支持 RFC 5785 中的格式，在 CoRE 中使用 /well、known/core 的路径表示资源描述。

⑥ 支持缓存：CoAP 协议支持资源描述的缓存以优化其性能。

CoAP 和 6LowPan 分别是应用层协议和网络适配层协议，其目标是解决设备直接连接到 IP 网络（也就是 IP 技术应用到设备之间、互联网与设备之间）的通信需求。因为 IPv6 技术带来了巨大的寻址空间，不仅解决了未来巨量设备和资源的标识问题，而且互联网上的应用可以直接访问支持 IPv6 的设备，不需要额外的网关。

CoAP 协议如图 3-19 所示。

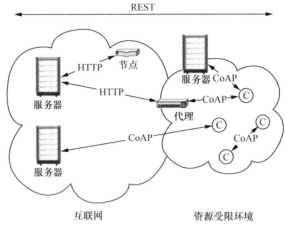

图3-19　CoAP协议

（4）LwM2M

LwM2M 是一种轻量级的物联网协议，由开放移动联盟（Open Mobile Alliance，OMA）提出并定义。OMA 组织专注于移动通信以及物联网产业的标准开发，给自己的定位是"规范大工厂"。随着"万物皆可联"概念的兴起，物联网终端数急剧膨胀，也不再局限于智能手机这样的"强力大块头"。很多设备，要么电量有限，要么内存有限，要么可使用带宽有限，之前那些适用于强劲终端设备管理的协议对它们无法适配，因此，为了照顾这些资源有限的"小个子"设备们，LwM2M 协议在 2013 年底诞生了。LwM2M 基于 CoAP 协议，主要可以使用在资源受限（包括存储、功耗等）的嵌入式设备上。

LwM2M 协议如图 3-20 所示。

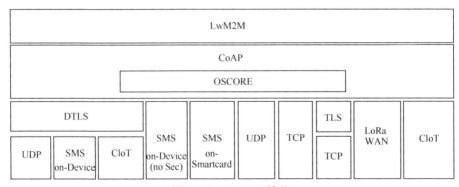

图3-20　LwM2M协议

（5）DDS 协议

DDS：面向实时系统的数据分布式服务，是一种分布式高可靠性、实时传输设备的数据通信协议。目前 DDS 已经广泛应用于国防、民航、工业控制等领域，具有以下几个特点。

① 以数据为中心。

② 使用无代理的发布 / 订阅消息模式：点对点、点对多、多对多。

③ 提供多达 21 种 QoS 策略。

DDS 可很好地支持设备之间的数据分发和设备控制，以及设备和云端的数据传输，同时 DDS 的数据分发的实时效率非常高，能做到秒级内同时分发百万条消息到众多设备，如车载设备。DDS 在 QoS 上可提供非常多的保障途径，这也是它适用于国防军事、工业控制这些高可靠性、安全性应用领域的原因。但这些应用多工作在有线网络或资源不受限、可靠性高的无线网络下，在资源受限的无线网络下实施案例较少。

（6）AMQP

AMQP：先进消息队列协议，用于业务系统（如 PLM、ERP、MES 等）进行数据交换。适用范围：最早应用于金融系统之间的交易消息传递，在物联网应用中，主要适用于移动手持设备与后台数据中心的通信和分析。

特点如下。

① Wire 级的协议，描述了网络上传输的数据的格式，以字节为流。

② 面向消息、队列、路由（包括点对点和发布 / 订阅），可靠性和安全性高。

（7）XMPP

XMPP：可扩展通信和表示协议，是一个开源形式的组织开发的网络即时通信协议。适用范围：即时通信的应用程序，还能用于网络管理、游戏、远端系统监控等。

特点如下。

① 客户端 / 服务器通信模式。

② 分布式网络。

③ 简单的客户端，将大多数工作放在服务器端进行。

④ 标准通用标记语言的子集 XML 的数据格式。

相对于 HTTP，XMPP 类似于通信协议，由于其开放性和易用性，在互联网即时通信应用中运用广泛，在通信的业务流程上更适合物联网系统，开发者不用花太多心思去解决设备通信时的业务通信流程，开发成本相对更低。但XMPP 是基于 XML 的协议，相对 Json 等轻量数据格式表示，HTTP 中的安全性以及计算资源消耗的硬伤并没有得到本质的解决。

4. 物联网关接入

IoT Hub 是物联网云平台的核心组件，主要负责物联网设备的接入，同时也负责设备认证以及设备管理的功能。其核心是一个支持平台与设备双向消息通信的服务，一般需要支持 MQTT、CoAP、LwM2M 等协议，尤其要支持MQTT 协议。很多 IoT Hub 都基于 MQTT Broker 服务来实现。设备统一接入如图 3-21 所示。

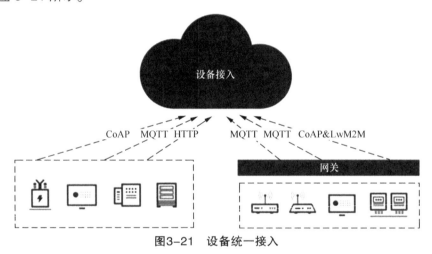

图3-21　设备统一接入

物联网平台支持海量设备连接上云，设备与云端可以通过 IoT Hub 进行稳定、可靠的双向通信。

① 提供设备端 SDK、驱动、软件包等，帮助不同设备、网关轻松接入物联网平台。

② 提供 2G/3G/4G、NB-IoT、LoRa、Wi-Fi 等不同的设备接入方案，解决企业异构网络设备接入的管理痛点。

③ 提供 MQTT、CoAP、HTTP/S 等多种协议的设备端 SDK，既满足长连接的实时性需求，也满足短连接的低功耗需求。

④ 开源多种平台设备端代码，提供跨平台移植指导，赋能企业基于多种平台进行设备接入。

5. 多设备协同

多设备协同，是指接入网络的任何设备之间，能够通过学习，实时了解自己和对方的能力和状态，并且能够根据特定的输入条件或特定的环境状态，实现多种设备之间的有效互动并协调工作，完成某种单一设备无法完成的工作。协同是物联网的核心和本质。

协同表现在以下几个方面。一是物联网设备之间的自动发现，尤其是不同功能、不同类别的设备之间相互发现。比如在智慧交通领域，汽车靠近路灯时，应该可以快速发现路灯，并建立联系，这样路灯就可以根据与自己建立联系的汽车数量来灵活调度信号灯的闪烁时间。二是物联网设备之间的能力交互。设备之间，只有相互了解对方的能力，了解对方能干什么，才能实现有效的交互和协同。三是新增物联网设备或功能的自动传播。比如在一个局域网（如智慧家庭）中新加入了一个功能设备，这个新的设备需要尽快"融入"原有的设备之中。这就涉及一种机制，能够广播自己的能力，同时，原有的设备应该也可以快速"理解"新加入的设备的功能和角色，这样后续就又达到了一种统一的状态。

物联网协同框架是实现物联网"协同"功能性需求的关键功能系统。物联网操作系统的内核和外围功能组件仅仅实现了物联网设备之间的"连接"功能。但是我们知道，仅仅实现物联网设备的连接上网是远远不够的。物联网的精髓在于，物联网设备之间能够相互交互和协同，使得它们能够"充分合作"，相互协调一致，以达到单一物联网设备无法完成的效果。而物联网协同框架就为物联网设备之间的协同提供了技术基础。物联网协同框架至少包括如下功能。

（1）物联网设备发现机制

物联网设备一般不提供直接的用户交互界面，需要通过智能手机、计算机等连接到设备上，对设备进行管理和配置。在物联网设备数量众多，功能多样的情况下，第一次加电并联网之后，智能手机/计算机等如何快速、准确地找到设备是一个很大的挑战，同时也是设备发现机制要解决的问题。设备发现机制的另一个应用场景是设备与设备之间的直接交互。比如同一个局域网内的物联网设备，可以相互发现并建立关联，在必要的时候能够直接通信、相互协作，实现物联网设备之间的"协同"；物联网设备的初始化与配置管理，包括设备在第一次使用时的初始化配置、设备的认证和鉴权、设备的状态管理等。物联网设备之间的协同交互包括物联网设备之间的直接通信机制。物联网协同框架要能够提供一套标准或规范，使得建立关联关系的物联网设备之间能够直接通信，不需要经过后台服务器。

（2）支持云端服务

大部分情况下，物联网服务需要云端（即物联网后台）的支持。物联网设备要连接到云端平台进行认证和注册。物联网设备在运行期间获取的数据，也需要传送到云端平台上进行存储。如果用户与物联网设备距离很远，无法直接连接，则用户也需要经过云端平台来间接控制或操作物联网设备。物联网协同框架至少要定义并实现一套标准的协议来支撑这些操作。

6. 反向操控

通过对物联网设备的反向远程操控，实现数字城市对物理城市的反向控制；针对具有一定运算和处理能力的设备，实现智能干预。反向操控技术主要包括人机交互、语音交互、生物识别等人工智能技术。

（1）人机交互

人机交互（Human-Computer Interaction，HCI），也称人机互动，是人与计算机之间为完成某项任务所进行的信息交换过程，是一门研究系统与用户之间交互关系的学问。系统既可以是各种机器，也可以是计算机系统和软件。人机交互界面是指用户的可见部分，用户通过人机交互界面与系统交流，并进行操作。人机交互技术是计算机用户界面设计中的重要内容之一，与认知学、人机工程学、心理学等科学领域有密切的联系。

随着网络的普及和无线通信技术的发展，人机交互领域面临巨大的挑战和机遇，传统的图形界面交互已经发生了本质变化，人们的需求不再局限于界面美学形式的创新，用户更多希望在使用媒体终端时有便捷、更符合他们的使用习惯、同时又比较美观的操作界面。利用人的多种感觉通道和动作通道（如语音、手写、姿势、视线、表情等输入），以并行、非精确的方式（可见的或不可见的）与计算机环境进行交互，使人们从传统的交互方式跳脱出来，进入自然和谐的交互时期。这一时期的主要研究内容包括多通道交互、情感计算自然语言理解、虚拟现实、智能用户界面等。

多通道交互（Multi Modal Interaction，MMI）是指使用多种通道与计算机进行通信的人机交互方式。它既适应了"以人为中心"的自然交互准则，也推动联网时代信息产业的快速发展。通道涵盖了用户表达意图、执行动作或感知反馈信息的各种通信方法，如言语、眼神、脸部表情、唇动、手势、头动、肢体姿势、触觉、嗅觉或味觉等。采用这种方式的计算机用户界面称为"多通道用户界面"。目前，人类最常使用的多通道交互技术包括手写识别、笔式交互、语音识别、语音合成、数字墨水、视线跟踪技术、触觉通道的力反馈装置、生物特征识别和人脸表情识别技术等。

情感计算自然语言理解是使计算机具有情感能力，它首先由美国麻省理工学院的 Minsky 教授（人工智能创始人之一）提出。他在 1985 年的专著 *The Society of Mind*(《心智社会》) 中指出，问题不在于智能机器能否有任何情感，而在于实现智能时怎么能够没有情感。在赋予计算机情感能力并让计算机能够理解和表达情感的研究领域，美国麻省理工学院媒体实验室的 Picard 教授团队于 1997 年在专著 *Affective Computing*(《情感计算》) 中首次提出了"情感计算"一词，即是关于情感、情感产生以及影响情感方面的计算。麻省理工学院对情感计算进行了全方位研究，正在开发研究情感机器人，最终有可能人机融合。IBM 公司的"蓝眼计划"可使计算机知道人想干什么。CMU 主要研究可穿戴计算机。

虚拟现实（Virtual Reality，VR）是以计算机技术为核心，结合相关科学技术，生成与一定范围真实环境在视、听、触感等方面高度近似的数字化环境，用户借助必要的装备与数字化环境中的对象进行交互作用、互相影响，可以产生亲临对应真实环境的感受和体验。虚拟现实是人类在探索自然、认识自然过程中创造对应真实环境的感受和体验，逐步形成的一种用于认识自然、模拟自然，进而更好地适应和利用自然的科学方法和科学技术。虚拟现实广泛应用于军事演练、虚拟医学手术训练、远程会诊、手术规划、导航、工业产品论证设计、装配、数字博物馆、大型活动开闭幕式彩排仿真、沉浸式互动游戏等方面。

智能用户界面（Intelligent User Interface，IUI）是致力于改善人机交互的有效性和自然性的人机界面。它通过表达、推理，按照用户模型、领域模型、任务模型、谈话模型和媒体模型来实现人机交互。智能用户界面主要使用人工智能去实现人机通信，提高了人机交互的可用性：如利用知识表示技术支持基于模型的用户界面生成，规划识别和生成支持用户界面的对话管理，而语言、手势和图像理解支持多通道输入的分析，用户建模则实现了对自适应交互的支持等。当然，智能用户界面也离不开认知心理学、人机工程学的支持。

（2）语音交互

智能语音交互技术包括语音识别、问答系统、语音合成等先进技术，实现基于语音的实时交互。

① 语音识别

语音识别（Automatic Speech Recognition，ASR）技术是使人与人、人与机器交流的关键技术，它将声学波形转换为人类的文字。语音识别技术是一个复杂的多学科交叉技术，涉及信号处理、统计、机器学习、语言学、数据挖掘、生理学等知识。一个完整的语音识别系统涉及声学方面和语言学方面：声学方面包括从最初的语音信号获取（包括将语音转化成电信号）到语音信号处理（包括模/数转换、降噪、增强、端点检测等），再到特征提取（MFCC、FB、PLP、BN等），最后到声学模型建模；语言学方面包括字典（词典）构造、语言模型建模等。通过建立的声学模型和语言模型就可以对输入的测试语音进行解码，得到相应的文字。

语音识别技术大体分为3个阶段：1993—2008年，语音识别一直处于高斯混合－隐马尔科夫模型（Gaussian Mixture Model–Hidden Markov Model，GMM–HMM）时代，语音识别率提升缓慢；2009—2014年，随着深度学习技术，特别是深度神经网络（Deep Neural Networks，DNN）的兴起，语音识别框架变为DNN–HMM，语音识别进入了DNN时代，语音识别精准率得到了显著提升；2015年以后，由于"端到端"技术的兴起，语音识别进入了百花齐放的时代，语音界都在训练更深、更复杂的网络，同时利用端到端技术进一步大幅提升了语音识别的性能。

通用深度学习"端到端"语音识别系统主要由图3-22中的4个部分组成——信号处理和特征提取、声学模型（Acoustic Model，AM）、语言模型（Language Model，LM）和解码搜索。信号处理和特征提取部分以音频信号为输入，通过消除噪声和信道失真对语音进行增强，将信号从时域转化到频域，并为声学模型提取合适的特征向量。声学模型将声学和发音学进行整合，以特征向量作为输入，并为可变长特征序列生成声学模型分数。语言模型通过学习词与词间的相互关系来评估序列的可能性。解码搜索对给定的特征向量序列和若干假设次序列计算声学模型和语言模型分数，并输出得分最高的结果。

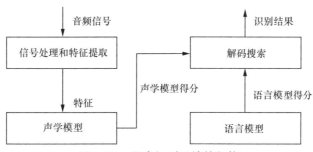

图3-22 语音识别系统的架构

该语音识别框架将信号处理和特征提取部分整合到一个神经网络结构中，采用 CNN 提取语音频谱的特征，而后采用双向门控循环单元（Bidirectional Gate Recurrent Unit，BGRU）网络来对特征进行学习。最终通过一个前瞻 CNN 和全连接层对 BGRU 的输出作进一步处理。以上几个部分组成了 ASR 架构的声学模型部分。整个网络采用连接时序分类（Connectionist Temporal Classification，CTC）解码，结合语言模型将全连接层的输出转化为目标文字，其中语言模型采用经中文百科数据处理后得到的 N-gram 模型。

2020 年，脸书推出了自动语音识别领域的 wave2vec 算法模型，并且公开了该算法的细节。Facebook 利用 wav2vec 算法模型把单词错误率降低至 2.43%，准确率高于 Deep Speech 2、监督学习和迁移学习等主流算法。

② 语音合成

语音合成（Text To Speech，TTS），是将输入的文本类型的序列信号经过适当的韵律处理后，通过特定的合成器，产生高自然度、高音质、表现力丰富的语音输出，使计算机或相关系统像"人"一样产生自然流利的声音的技术。

随着语音合成技术的日益成熟，一方面使其在人们的生活中得到越来越广泛的应用，另一方面也使人们对语音合成系统的要求越来越高。基于 HMM 的统计参数语音合成技术因其较优秀的合成效果，且便于通过对模型参数的调整达到声音转换的目的成为目前最受欢迎的方法之一。然而，HMM 合成声音仍存在声音过于平滑、沉闷，缺乏细节，自然度不高等影响音质的问题。

2006 年 Hinton 等人提出了一种在非监督数据上建立多层神经网络（即深度神经网络）的有效方法，掀起了机器学习和神经网络等相关研究的新一轮热潮。深度神经网络与语音处理技术的结合也开始被研究者们广泛尝试，并在语音识别方面取得了突破性的进展。例如，用深度神经网络作为基于 HMM 语音合成的决策树叶节点的合成方法，以及用整个深度神经网络建立语音的文本到参数的映射模型。

使用深度神经网络虽然取得了一定的成效，但语音合成的系统相对来说比较复杂，且对合成的效果十分敏感，简单用深度神经网络替代传统语音合成中的某一部分效果并不好。在该研究的基础上，采用性能更好的 Tacotron 模型，并针对我们的要求进行模型改进，最终结果显示改进的模型获得了更好的语音合成效果。基于端到端深度学习的语音合成技术通过缩减人工预处理和后续处理，尽可能从原始输入到最终输出给模型更多可以根据数据自动调节的空间，增加模型的整体契合度。

在语音合成方面，高音质生成算法及 Voice Conversion 是近年来研究者关注的两大热点，Voice Conversion 方向的研究重点主要集中在基于生成对抗网络（Generative Adversarial Networks，GAN）的方法上。语言模型方面的研究热点主要包括 NLP 模型的迁移、低频单词的表示，以及深层 Transformer 等。

（3）生物识别

所谓生物识别技术，就是通过计算机与光学、声学、生物传感器和生物统计学原理等高科技手段密切结合，利用人体固有的生理特性（如指纹、指静脉、人脸、虹膜等）和行为特征（如笔迹、声音、步态等）来进行个人身份的鉴定。

① 人脸识别

人脸与人体的其他生物特征（指纹、虹膜等）一样与生俱来，它的唯一性和不易被复制的良好特性为身份鉴别提供了必要的前提，与其他类型的生物识别相比人脸识别具有如下特点。

– 非强制性：用户不需要专门配合人脸采集设备，几乎可以在无意识的状态下获取人脸图像，这样的取样方式没有"强制性"。

– 非接触性：用户不需要和设备直接接触就能获取人脸图像。

– 并发性：在实际应用场景下可以进行多个人脸的分拣、判断及识别。

– 符合视觉特性：具有"以貌识人"的特性，以及操作简单、结果直观、隐蔽性好等特点。

当下，人脸识别技术已经非常成熟，国内的产业链也趋于完善，几乎所有的计算机视觉企业都在研究人脸识别，如旷视科技、格灵深瞳、商汤科技、中科视拓等。

人脸识别具备较高便利性的同时，但安全性相对较弱。识别准确率会受到环境的光线、识别距离等多方面因素的影响。另外，当用户通过化妆、整容对面部进行一些改变时也会影响人脸识别的准确性。这些都是企业亟待突破的技术难题。

② 指纹识别

从第二代身份证开始便实现了指纹采集，且各大智能手机纷纷实现了指纹解锁功能。与其他生物识别技术相比，指纹识别早已在消费电子、安防等产业中广泛应用，通过时间和实践的检验，技术也在不断革新。目前国内早已形成了完整的指纹识别产业链，比如，从事指纹芯片设计的上市企业汇顶科技，还有思立微、费恩格尔、迈瑞微等一众国产指纹识别芯片厂商。

虽然每个人的指纹都是独一无二的，但指纹识别并不适用于每一个行业、每一个人。例如，长期双手徒手工作的人们便会为指纹识别而烦恼，他们的手指若有丝毫破损或在干湿环境里、沾有异物，指纹识别功能可能就要失效了。另外，对于在严寒气候下，抑或是在人们需要长时间戴手套的环境中，也使得指纹识别变得不那么便利。

③ 虹膜识别

人的眼睛由巩膜、虹膜、瞳孔晶状体、视网膜等部分组成。虹膜在胎儿发育阶段形成后，在整个生命历程中将保持不变。这些特征决定了虹膜特征的唯一性，同时也决定了身份识别的唯一性。因此，可以将眼睛的虹膜特征作为每个人的身份识别对象。

根据富士通方面的数据，虹膜的错误识别率可能为 1/1 500 000，而苹果 TouchID 的错误识别率可能为 1/50 000，虹膜识别的准确率是当前指纹方案的 30 倍，而虹膜识别又属于非接触式识别，非常方便、高效。此外，虹膜识别还具有唯一性、稳定性、不可复制性、活体检测等特点，综合来说安全性能上占据绝对优势，安全等级是目前最高的。

虹膜识别凭借其超高的精确性和使用的便捷性，已经广泛应用于金融、医疗、安检、安防、特种行业考勤与门禁、工业控制等领域。国内虹膜识别领域的代表厂商有中科虹霸、虹星科技、聚虹光电、武汉虹识、释码大华等。

④ 声纹识别

与其他生物特征相比，声纹识别的优势在于：

• 声纹提取方便，可在不知不觉中完成，因此使用者的接受程度也高；

• 获取语音的成本低廉，使用简单，一个麦克风即可，在使用通信设备时更不需要额外的录音设备；

• 适合远程身份确认，只需要一个麦克风或电话、手机就可以通过网络（通信网络或互联网络）实现远程登录；

• 声纹辨认和确认的算法复杂度低；

• 配合其他一些措施，如通过语音识别进行内容鉴别等，可以提高准确率。这些优势使得声纹识别的应用越来越受到系统开发者和用户的青睐。

当然，声纹识别也有以下一些缺点：

• 同一个人的声音具有易变性，易受身体状况、年龄、情绪等的影响；

• 不同的麦克风和信道对识别性能有影响；

• 环境噪声对识别有干扰；

• 混合说话人的情形下，人的声纹特征不易提取。

因此，声纹识别目前主要还是被用于一些对身份安全性要求并不太高的场景中，如现在比较热门的智能音箱。目前国内的科大讯飞、思必驰、SpeakIn、云知声都有推出相应的声纹识别技术。

⑤ 步态识别

步态识别是近年来越来越多的研究者关注的一种较新的生物认证技术，它是通过人的走路方式来识别人的身份。

步态识别是一种非接触的生物特征识别技术。因为它不需要人的行为配合，特别适合远距离的身份识别。这是任何生物特征识别所无法比拟的，不容易伪装，是让犯罪分子防不胜防的追捕手段。它不仅可以分析闭路电视捕捉到的嫌犯的行动情况，还能把它们同嫌犯走路的姿态进行比较。在一些凶杀案中，往往凶犯不让你看到他们的脸，但却能看到凶手走路的样子。采集装置简单、经济，只需要一个监控摄像头就行。

总之，生物识别技术也将迎来新的变化和需求，与互联网、物联网的交集将成为各行业的着力点。当前的单一的生物识别技术各有优缺点，在应用上难免会出现一些问题。因此，在一些安全等级要求较高的应用场景中，往往会采用两种甚至两种以上的生物识别技术来进行验证。随着物联网时代的到来，生物识别将拥有更为广阔的市场前景。

3.2.2 物联网边侧技术

物联网 IoT 边缘作为物联网边缘"小脑"，在靠近物或数据源头的边缘侧，融合网络、计算、存储、应用核心能力的开放平台，就近提供计算和智能服务，满足行业在实时业务、应用智能、安全与隐私保护等方面的基本需求。

1. 设备管理

提供完整的设备生命周期管理功能，支持设备注册、功能定义、数据解析、在线调试、远程配置、固件升级、远程维护、实时监控、分组管理、设备删除等功能。

（1）提供设备物模型，简化应用开发。

（2）提供设备上下线变更通知服务，方便实时获取设备状态。

（3）提供数据存储能力，方便用户海量设备数据的存储及实时访问。

（4）支持空中激活（over the air，OTA）升级，赋能设备远程升级。

（5）提供设备影子缓存机制，将设备与应用解耦，解决不稳定无线网络下的通信不可靠痛点。

2. 物模型

物模型（Thing Specification Language，TSL），指将物理空间中的实体数字化，并构建该实体的数据模型。在物联网平台中，定义物模型即定义产品功能。

物模型是产品数字化的描述，定义了产品的功能，物模型对不同品牌、不同品类的产品功能进行抽象归纳，形成"标准物模型"，便于各方使用统一的语言描述、控制、理解产品功能。物模型由若干条"参数"组成，参数按描述的功能类型不同，又分为属性、方法和事件，见表3-3。

表3-3 物模型的参数

参数	说明
属性	一般用于描述设备状态，支持读取和设置
方法	设备可被外部调用的能力或方法，可设置输入参数和输出参数，参数必须是某个"属性"。相比属性，服务可通过一条指令实现更复杂的业务逻辑
事件	用于描述设备上报云端的事件，可包含多个输入参数，参数必须是某个"属性"

3. 边缘算法管理

随着人工智能的快速发展，边缘设备需要执行越来越多的智能算法任务，如语音助手需要进行自然语言理解、智能驾驶汽车需要检测和识别街道目标、手持翻译设备需要翻译实时语音信息等。在这些任务中，机器学习尤其是深度学习算法占有很大的比重，使硬件设备能更好地执行以深度学习算法为代表的智能任务是研究的焦点，也是实现边缘智能的必要条件。

算法管理功能为路侧边缘计算网关节点提供了基于容器的算法生命周期管理，支持以容器的形式将边缘应用和算法（包括第三方算法）快速部署到指定的边缘节点运行。通过把边缘应用程序或算法打包成容器镜像并上传到云容器镜像服务，在边缘应用管理模块中创建边缘应用/算法模板，然后将边缘应用/算法部署到边缘节点运行，并且支持对应用/算法进行版本升级、配置变更、卸载、监控和日志采集。

4. 数据汇聚

边缘计算场景下，边缘设备时刻产生海量数据，数据的来源和类型非常多样，这些数据包括环境传感器采集的时间序列数据、摄像头采集的图片视频数据、车载 LiDAR 的点云数据等，数据大多具有时空属性。

数据汇聚依托数据中心和基础网络设施，通过图形化的配置界面实现分布的、异构的、跨网络的各部门政务信息资源的交换汇聚，实现统一平台与各部门数据资源的共享。多源数据汇聚，也称数据上报、数据集中，采用 $N+1$ 模式，将地理上分布于多点的下辖部门日常产生的业务数据同步汇聚到数据中心，汇聚后的数据包含原始业务数据的所有信息，用于集中共享或向大数据平台提供输入数据。

数据汇聚实现分布的、异构的、跨网络的各部门政务信息资源的交换汇聚，实现统一平台与各部门数据资源的共享。按照平台标准处理后的多方数据集中至中心平台，再以统一标准对外提供数据服务，使数据按照一定的业务规则成为可复用的信息资源服务。同时，以服务总线及消息组件支持接入（接出）多通道的消息，使各类消息可以在总线上流转，实现跨部门、跨机构的信息共享，帮助中心平台数据进行综合、全面的分析与监管，及时感知运行状态并做出智能化响应。各个资源接口供应系统开放的 API，由适配器统一数据格式后，统一注册到资源适配总线中，通过资源开放平台对外公开，使用接入方通过申请开放平台账号，获得 API 对接能力。开放认证平台负责对外提供服务，经过账号认证、API 鉴权、IP 白名单限制、数据加密等多道安全通道后，完成与适配器的接口对接。实施多源数据汇聚需具备如下能力特点。

第一，提供广泛的数据接口，支持对各类主流数据库（Oracle、DB2、SQL Server、MySQL、PostgreSQL、Informix 等）、外部文件（文本、XML、Excel）进行读写访问。

第二，内置丰富的数据转换功能，如类型转换、字段运算、参照转换、字符串处理、字符集转换、空值处理、日期转换、聚集运算、既定取值、字段切分、字段合并等，用于对汇总数据进行标准化。

第三，支持图形界面辅助用户快速定义数据转换规则，还额外提供脚本开发环境，当汇聚表数以千计时，使用图形界面逐表配置会是一个相当繁重、耗时的工作，而采用强大的脚本功能，可以起到事半功倍的效果。

第四，支持同构或异构表结构的读取比对功能，对于业务表结构的变更，软件可以自动更新目标表结构并重传所有数据。

第五，支持全量覆盖、差异更新、增量抽取等数据同步模式。其中，增量模式包括时间戳、触发器、日志解析（BeeDI 支持），支持数据断点续传功能。

第六，提供工作流调度功能，用于定义多个相关任务的执行顺序、触发条件、异常逻辑等。

5. 数据融合

数据融合是以城市多源、多类型数据为基础，以城市时空数据为主要索引，构建多层次时空数据融合框架，形成以基础地理和自然资源数据为基础、以政务数据为主干、以社会数据为补充的全空间、全要素、全过程、一体化的时空数据体系。通过节点（实体模型对象）及节点之间的逻辑关系，构建物理实体之间的关联关系、指标关系、空间关系等，从而快速形成数据模型及知识图谱，通过统一的数据模型及知识图谱融通相关数据资源，主要包括物理对象属性数据、物理对象活动运行数据、物理对象之间的关系数据等。

（1）数据融合原理

数据融合技术的基本原理就像人脑综合处理信息一样，充分利用多个传感器资源，通过对多传感器及其观测信息的合理支配和使用，把多传感器在空间或时间上冗余或互补的信息依据某种准则进行组合，以获得被测对象的一致性解释或描述。具体地说，多传感器数据融合原理如下：

① 多个不同类型的传感器（有源的或无源的）收集观测目标的数据；

② 对传感器的输出数据（离散的或连续的时间函数数据、输出矢量、成像数据或一个直接的属性说明）进行特征提取的变换，提取代表观测数据的特征矢量；

③ 对特征矢量进行模式识别处理（如聚类算法、自适应神经网络或其他能将特征矢量变换成目标属性判决的统计模式识别法等），完成各传感器关于目标的说明；

④ 将各传感器关于目标的说明数据按同一目标进行分组，即关联；

⑤ 利用融合算法对每一目标各传感器的数据进行合成，得到该目标的一致性解释与描述。

（2）数据融合方法

利用多个传感器所获取的关于对象和环境的全面、完整的信息，主要体现在融合算法上。因此，多传感器系统的核心问题是选择合适的融合算法。对于多传感器系统来说，数据具有多样性和复杂性，因此，对数据融合方法的基本要求是具有鲁棒性和并行处理能力，此外，还有方法的运算速度和精度，与前续预处理系统和后续信息识别系统的接口性能，与不同技术和方法的协调能力，对信息样本的要求等。一般情况下，基于非线性的数学方法如果具有容错性、自适应性、联想记忆和并行处理能力，都可以用来作为数据融合方法。

数据融合虽然未形成完整的理论体系和有效的融合算法，但在不少应用领域，根据各自的具体应用背景，已经提出了许多成熟且有效的融合方法。多传感器数据融合的常用方法基本上可概括为随机和人工智能两大类：随机类方法有加权平均法、卡尔曼滤波法、多贝叶斯估计法、Dempster-Shafer（D-S）证据推理、产生式规则等；而人工智能类方法则有模糊逻辑理论、神经网络、粗集理论、专家系统等。可以预见，神经网络和人工智能等新概念、新技术在数据融合中将起到越来越重要的作用。

6. 安全和隐私

虽然边缘计算将计算推至靠近用户的地方，避免了数据上传到云端，降低了隐私数据泄露的可能性，但是，相比云计算中心，边缘计算设备通常处于靠近用户侧或传输路径上，具有更高的潜在可能被攻击者入侵，因此，边缘计算节点自身的安全性仍是一个不可忽略的问题。边缘计算节点的分布式和异构型也决定了其难以进行统一的管理，从而导致一系列新的安全问题和隐私泄露等问题。作为信息系统的一种计算模式，边缘计算也存在信息系统普遍存在的共性安全问题，包括应用安全、网络安全、信息安全和系统安全等。

在边缘计算的环境下，仍然可以采用传统的安全方案来进行防护，如通过基于密码学的方案来进行信息安全的保护、通过访问控制策略来对越权访问等进行防护。但需要注意的是，通常需要对传统方案进行一定的修改，以适应边缘计算的环境。同时，近些年也有一些新兴的安全技术（如硬件协助的可信执行环境）可在边缘计算中使用，以增强边缘计算的安全性。此外，使用机器学习来增强系统的安全防护也是一个较好的方案。

可信执行环境（Trusted Execution Environment，TEE）是指在设备上一个独立于不可信操作系统而存在的可信的、隔离的、独立的执行环境，为不可信环境中的隐私数据和敏感计算提供了安全而机密的空间，而 TEE 的安全性通常通过硬件相关的机制来保障。常见的 TEE 包括 Intel 软件防护扩展、Intel

管理引擎、X86 系统管理模式、AMD 内存加密技术、AMD 平台安全处理器和 ARM Trust Zone 技术。通过将应用运行于 TEE 中，并对使用到的外部存储进行加解密。边缘计算节点的应用，可以在其被攻破时，仍然可以保证应用及数据的安全性。

3.2.3 物联网管网技术

城市物联网感知通信网络包括 4G/5G 网络、NB-IoT、光网络、数据网、天地一体化网络等，其中物联感知无线通信技术如图 3-23 所示。

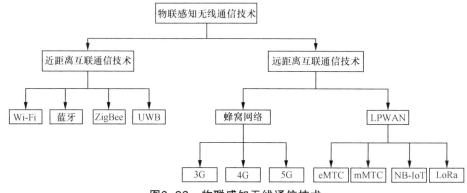

图3-23 物联感知无线通信技术

根据通信技术发展和演进的趋势，城市无线物联网主要有以下几种技术形态。

（1）LPWA 技术的物联专网，如 NB-IoT，具有低功耗、广覆盖的特点，可承载海量的连接规模，作为基础覆盖物联专网进行部署，主要应用于公共服务、物流运输、智能抄表、智能停车等领域。

（2）运营商基于传统 4G 网络的物联专网，如基于 LTE 网络的 eMTC 技术可承载中速类服务，并且能够更好地支持移动性。

（3）基于 5G 技术的物联网，5G 愿景中 mMTC 和 uRLLC 场景的实现能够进一步提升网络连接规模，并降低网络时延，可使能更多特殊需求的垂直行业应用，如智慧医疗、智能制造等。

物联网的规划和建设要结合物联网业务的特点及网络技术的能力，在需求区域构建能适用多场景、承载海量连接的泛在网，提供安全、高效、智能的万物互联服务，推动智能城市的发展。物联网的规划和建设应根据城市建设场景，结合公用移动通信基站同址部署，满足地上、地下全方位覆盖，并根据业务密度来控制覆盖深度。

雄安新区的物联网宜采用"统一管道"的方案。单一的物联网接入技术对物联网业务挖潜、产业培育以及后续可持续健康发展都存在不利影响。

1. 雄安新区的泛在异构物联网

雄安新区的泛在异构物联网架构如图 3-24 所示。

在雄安新区构建"公＋专＋私"的泛在异构物联网络，满足大众用户、行业用户、涉密行业用户的网络接入需求。各层网络的具体要求如下。

（1）公有网络（4G/5G/NB/eMTC，授权频谱接入技术）

－ 嵌入移动通信网规划中。

－ NB-IoT：60bit/s ～ 200kbit/s、静态与半静态、极低功耗、非实时数据业务（如智能抄表、停车、路灯、楼宇、环境检测、物流、垃圾桶等）。

－ eMTC：1Mbit/s、低时延、移动性、语音业务（如智能电梯、车队管理、智能手表、智能手环、POS 支付、紧急呼叫）。

（2）私有网络（LoRa、Sigfox、WLAN、RFID、ZigBee、蓝牙、DSRC 等，非授权频谱接入技术）

－ 行业为满足生产运营需求，需要的局部自有的物联网络，行业自建自用。

－ 集采数据在行业内部流动，不统一汇聚至物联网统一开放平台。

－ 私有物联网络对公有网络和专有网络不能产生干扰。

（3）专有网络（B-TrunC 等，授权频谱接入技术）

－ 为安全保密要求高的行业提供专用物联数据传输通道。

－ 适用于电力、人防、石油等多个行业。

－ 200kbit/s ～ 1.76Mbit/s，支持低时延、移动业务。

雄安新区的物联网发展依托公网 4G/5G 建设满足大颗粒物联网业务接入需求，增强建设 NB-IoT、eMTC 公共物联网络，统筹建设 230Mbit/s 专用物联网络，允许行业发展自维自建自用的私有物联网络，构建高效连接、万物互联的泛在接入异构物联网，打造"物联网络百花齐放、物联网平台核心唯一"的公专私并举的物联网络架构。

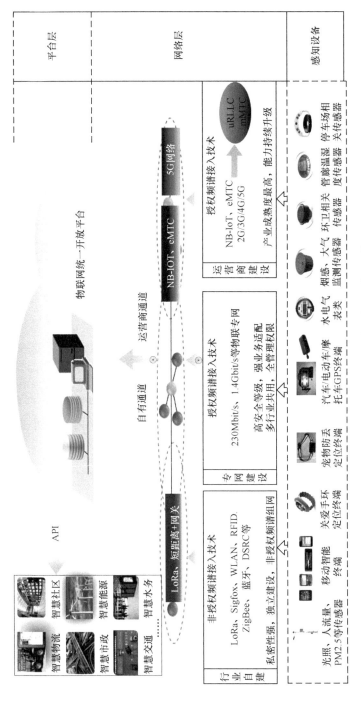

图3-24 雄安新区泛在异构物联网架构

230Mbit/s 专用物联网络具有低频广覆盖和深度覆盖的基因优势，实现容东地面 12.7km² 的连续覆盖需要 8 个宏站，支持的最大接入终端能力达到 200 万。NB-IoT、eMTC 基站规划嵌入移动通信宏基站规划中。

NB-IoT、eMTC 传输的采集数据和其他物联网络承载的数据（行业涉密和控制类数据除外）必须统一接入"物联网平台"，严格保证数据流向"物联网平台"的路径唯一性。

2. 有线网络

有线接入方式主要适用于大带宽、高可靠的接入业务，宜采用 PON 或以太网技术。传输线缆及布线设计应符合 GB 50311—2016 的相关要求。

（1）PON 接入

PON 接入方式主要包括 EPON 和 GPON，应符合工业和信息化部 YD/T 1475 或 YD/T 1949 等相关规范。

（2）以太网

以太网接入方式应符合工业和信息化部 YD/T 1160 等相关规范。

（3）有线传输性能要求

网络层应支持 IP，传输层应支持 TCP 和 UDP。

3. 无线公有网络

该类网络为 3GPP 标准技术方案，由国家主管部门授权牌照运营商进行建设，主要包括 4G、5G、NB-IoT、eMTC 等。

（1）4G

适用范围：远距离、中高速率、可移动的应用场景，是蜂窝移动通信的主力承载网，主要面向人人通信。

以单载波 FDD LTE 为例，下行速率：小于 150Mbit/s（20MHz）；上行速率：小于 75Mbit/s（20MHz）。

（2）5G

适用范围：远距离、高速率、可移动、广接入、低时延的应用场景，是万物互联的主力承载网，IMT-2020 组织在用户体验速率、连接数密度、流量密度、端到端时延、峰值速率、移动性等方面提出了 5G 的具体指标。

① 用户体验速率：0.1 ～ 1Gbit/s。

② 连接数密度：10^6/km^2。

③ 端到端时延：毫秒级。

④ 移动性：支持500km/h 以上的高速移动场景。

⑤ 峰值速率：数十 Gbit/s。

⑥ 流量密度：数十 Tbit/s·km^2。

（3）NB-IoT

适用范围：远距离、短数据、低频次、低功耗的应用场景，不支持语音业务和移动切换功能。覆盖增强20dB，峰值速率为1 ～ 200kbit/s。

常规覆盖，MCL<144dB。

扩展覆盖，144dB<MCL<154dB。

极端覆盖，154dB<MCL<164dB。

（4）eMTC

eMTC基于TD-LTE和FDD LTE 网络双向演进，其用户设备通过支持1.4MHz的射频和基带带宽，可以直接接入现有的4G网络。覆盖增强10 ～ 15dB，峰值速率1Mbit/s，支持切换和语音业务。

覆盖目标：MCL<155.7dB。

4. 无线私有网络

建议由政府引导，运营商或专业第三方公司统一建设 WLAN。

（1）远距离互联通信技术

该类技术主要使用非授权频段，由相关产业联盟发起，主要代表为 LoRa 技术，覆盖增强20 ～ 30dB，峰值速率达百 kbit/s，不支持移动切换，不支持语音。

－ 技术要求：符合LoRa 联盟的相关技术规范。

－ 适用范围：远距离、短数据、低频次、低功耗的应用场景。

－ 工作频段：470.3 ～ 509.7MHz、779.5 ～ 786.5MHz 等免授权频率及其他行政机关做出频率许可的。

－ 信道带宽：125kHz。

（2）近距离互联通信技术

近距离无线传输方式具有微功率、便于安装等特点，主要有蓝牙、Wi-Fi、ZigBee 等。

① 蓝牙

－ 技术要求：符合蓝牙 SIG 相关规范。

－ 适用范围：近距离、短数据的应用场景。

－ 工作频段：2400 ～ 2483.5MHz。

－ 信道带宽：1/2MHz。

② Wi-Fi

－ 技术要求：符合 GB 15629 及 IEEE 802.11 相关规范。

－ 适用范围：近距离、高速率的应用场景。

－ 工作频段：2400 ～ 2483.5MHz、5150 ～ 5350MHz、5725 ～ 5850MHz 等。

－ 信道带宽：20/40/80/160MHz。

③ RFID

－ 技术要求：符合 ISO/IEC 18000-2、ISO/IEC 18000-7 和 GB/T 28925、GB/T 29768、GB/T 33848.3、GB/T 34095、GB/T 51315 等相关规范。

－ 适用范围：近距离、短数据的应用场景。

－ 工作频段：125kHz、134.2kHz、13.56 ～ 14.26MHz、433.92MHz、840 ～ 845MHz、920 ～ 925MHz、2400 ～ 2483.5MHz 及其他行政机关许可的频率。

－ 信道带宽：8kHz（125kHz）；4kHz（134.2kHz）；7kHz（13.56 ～ 14.26MHz）；50kHz（433.92 MHz）；250kHz（840 ～ 845MHz、920 ～ 925MHz）；5MHz（2400 ～ 2483.5MHz）。

④ ZigBee

－ 技术要求：符合 IEEE 802.15.4 相关规范。

－ 适用范围：短距离、短数据的应用场景。

－ 工作频段：2400 ～ 2483.5MHz 等。

－ 信道带宽：2MHz。

⑤ NFC

– 技术要求：符合 ISO/IEC 18092、ISO/IEC 21481 等相关规范。

– 适用范围：近距离、短数据的应用场景。

– 工作频段：13.56MHz 及其他行政机关许可的频率。

– 信道带宽：7kHz。

5. 无线专有网络

无线专有网络的主要技术指标如下。

（1）工作频段：1447 ～ 1467MHz、1785 ～ 1805MHz 及其他行政机关频率许可。

（2）信道带宽：1447 ～ 1467MHz（10/20MHz）；1785 ～ 1805MHz（1.4/3/5/10MHz）。

（3）下行速率：小于 100Mbit/s（20MHz）。

（4）上行速率：小于 50Mbit/s（20MHz）。

6. IPv6 部署标准及结构设计

随着移动互联网和物联网应用的快速发展，现有的 IPv4 地址数量呈现出明显不足。因此，近两年开始全面向 IPv6 转移，IPv6 从根本上解决了 IP 地址不足的问题。当前，国家正在大力推进部署 IPv6 网络，IPv6 协议与目前通用的 IPv4 协议相比，具有很多优势：

① IPv6 的地址长度为 128bit，而 IPv4 仅为 32bit，因此 IPv6 可以将更多的主机接入互联网中；

② IPv6 网络中的用户可以对网络层的数据进行加密，因此拥有更高的安全性；

③ IPv6 的网络带宽大于 IPv4，因此能为用户提供更流畅的网络使用感；

④ IPv6 拥有更小的路由表，因此可以提高路由器转发数据的速度和稳定性。

基于 IPv6 的物联网整体结构设计如图 3-25 所示，主要包括基于 IPv6 的物联网终端标识管理平台、DHCPv6 服务器、无线 AP、IPv6 接入网关及各个终端标识。

其中，虚线表示无线方式连接。

（1）DHCPv6 服务器

IPv6 动态主机配置协议（Dynamic Host Configuration Protocol for IPv6，

DHCPv6）是针对 IPv6 编址方案设计的，为主机分配 IPv6 地址 / 前缀和其他网络配置参数。

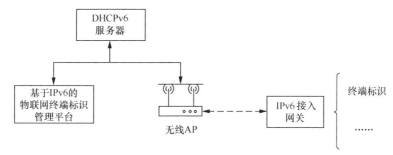

图3-25　基于IPv6的物联网整体结构设计

DHCPv6 的基本协议架构如图 3-26 所示。

DHCPv6 的基本协议架构中主要包括以下 3 种角色。

DHCPv6 客户端：通过与 DHCPv6 服务器进行交互，获取 IPv6 地址 / 前缀和网络配置信息，完成自身的地址配置功能。

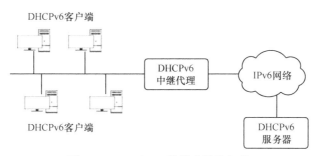

图3-26　DHCPv6的基本协议架构

DHCPv6 中继代理：负责转发来自客户端或服务器方向的 DHCPv6 报文，协助 DHCPv6 客户端和 DHCPv6 服务器完成地址配置功能。一般情况下，DHCPv6 客户端通过本地链路范围的组播地址与 DHCPv6 服务器通信，以获取 IPv6 地址 / 前缀和其他网络配置参数。如果服务器和客户端不在同一个链路范围内，则需要通过 DHCPv6 中继代理来转发报文，这样可以避免在每个链路范围内都部署 DHCPv6 服务器，既节省了成本，又便于进行集中管理。

DHCPv6 的基本协议架构中，DHCPv6 中继代理不是必需的角色。如果 DHCPv6 客户端和 DHCPv6 服务器位于同一链路范围内，或 DHCPv6 客户端和 DHCPv6 服务器直接通过单播交互完成地址分配或信息配置时，则不需要 DHCPv6 中继代理参与。只有当 DHCPv6 客户端和 DHCPv6 服务器不在同一链路范围内，或 DHCPv6 客户端和 DHCPv6 服务器无法单播交互时，才需要 DHCPv6 中继代理参与。

DHCPv6 服务器： 负责处理来自客户端或中继代理的地址分配、地址续租、地址释放等请求，为客户端分配 IPv6 地址 / 前缀和其他网络配置参数。

（2）无线 AP

AP 就是 Access Point 的缩写，即无线接入点，它能够把有线网络转换成无线网络供我们使用。无线 AP 是无线网络和有线网络之间沟通的桥梁，可以扩大网络的传播范围。

（3）IPv6 接入网关

IPv6 接入网关可以通过 USB 接口、以太网接口及通用型输入输出脚与各传感器节点进行数据通信，完成数据在 IPv6 网络中的转发，如图 3-27 所示。考虑到应用环境的多样性和复杂性，一般采用嵌入式全功能的 IPv6 物联网网关。可以设计以 Raspberry Pi 3 B、嵌入式 Linux 操作系统为主体的 IPv6 接入网关硬件和软件结构。

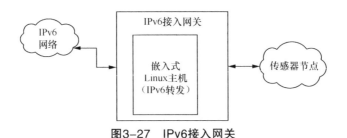

图3-27　IPv6接入网关

（4）终端标识

终端标识为集成了各种传感器节点的终端，用于感知环境中需要测量的数据，并与 IPv6 接入网关进行数据通信，完成数据采集和功能执行。

7. 服务器及部署环境配置

基于 IPv6 的物联网终端标识管理平台部署环境，为 DELL T440 塔式服务器。通过网卡配置，自动获取 DHCPv6 服务器分配的 IPv6 地址。服务器预装 centos 版 Linux 操作系统，其中网卡的配置信息如下。

```
TYPE=Ethernet
PROXY_METHOD=none
BROWSER_ONLY=no
BOOTPROTO=dhcp
DEFROUTE=yes
IPV4_FAILURE_FATAL=no
IPV6INIT=yes
Networking_IPV6=yes
DHCPV6C=yes
IPV6_AUTOCONF=yes
IPV6_DEFROUTE=yes
IPV6_FAILURE_FATAL=no
IPV6_ADDR_GEN_MODE=stable-privacy
NAME=em1
UUID=464d4f0c-bc81-4cff-8b26-df414594e8f5
DEVICE=em1
ONBOOT=yes
PEERDNS=no
```

8. 各类场景物联感知网络的传输需求

物联网业务种类繁多，不同类型的业务对网络的带宽、时延、移动性等指标的需求也不同。根据网络数据的传输速率不同，物联网业务大致可分为高速业务、中速业务和低速业务 3 类，见表 3-4。

表3-4　物联网业务分类

物联网业务分类	典型业务	业务特点
高速业务	视频监控 机器人 智慧医疗	速率>1Mbit/s，视频类 高流量类 低时延类 功耗不敏感
中速业务	智能家防 信息无障碍 可穿戴设备（需要语音）	100kbit/s<速率<1Mbit/s 需要语音 功耗不敏感
低速业务	数据收集和控制类 无线抄表 环境监测 智能家居 智慧物流 可穿戴设备（不需要语音）	速率<100kbit/s，文本类 流量不高 一般功耗敏感 覆盖要求高

根据物理空间及各功能区的主要特征，将城市空间划分为地形地质、建构

筑物、室外公共空间、室内生产生活环境 4 类，根据不同空间、不同场景的感知功能需求，分类施策。

9. 网络安全域的划分

根据各个域的作用和相互关系，从安全的视角可将物联网系统划分为安全感知域、安全平台域、安全用户域 3 个域，构成物联网安全模型，如图 3-28 所示。

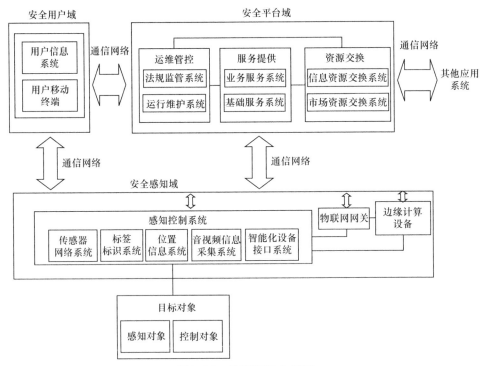

图3-28　物联网安全模型

安全感知域、安全平台域和安全用户域之间的通信网络类型包括移动通信网、互联网、局域网、专网等。安全用户域和安全感知域之间的通信网络还包含无线近距离通信和有线近距离通信。

安全感知域包含物联网应用系统的感知控制系统、物联网网关和边缘计算设备，可实现对目标对象的感知和控制功能。感知控制系统中有的设备自身具有连接外部网络的联网能力，有的设备则需要通过物联网网关才能连接外部网络。

安全平台域包含物联网参考体系结构中的服务提供域、运维管控域和资源交换域，可实现服务提供、运维管控和资源交换功能。其中，资源交换功能是指与外部其他应用系统交换、共享数据的功能。

安全用户域包含各种用户系统，为政府、企业、公众等用户访问物联网平台的服务提供接口功能，为用户使用物联网服务提供支撑。

10. 网络安全防护体系

面向雄安新区的公共物联网安全防护体系如图3-29所示。

物联网安全防护体系分为应用、技术、基础3个层次。

应用指物联网中所有实际应用，包括但不限于智慧水务、智慧电网、智慧燃气、智慧供热、智慧管廊、智慧道路、智慧视频等。

技术是指按照物联网参考体系架构和安全域划分，对安全感知域、安全平台域、安全用户域分别按照等级保护基本要求的物理环境安全、通信网络安全、区域边界安全、计算环境安全4个维度采取的防护技术。

基础是指包含安全管理中心、密钥管理中心、身份管理中心在内的安全基础设施。

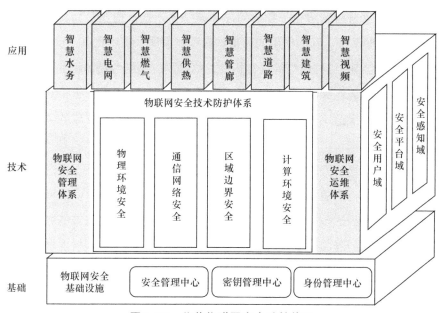

图3-29　公共物联网安全防护体系

11. 网络安全防护的对象

物联网安全防护的对象包括安全感知域、安全平台域、安全用户域以及连接各域的通信网络 4 个部分。

安全感知域覆盖的范围由政府统一规划和设计的物联网感知域设施，主要包括水、电、气、热、管廊、道路等相关设施，具体的防护对象有 4 类：

① 具有与其他域进行通信接口能力的各种感知节点设备（含控制设备）、感知网关节点设备；

② 射频识别设备；

③ 视频采集设备；

④ 边缘计算设备。

安全平台域的防护对象是物联网应用平台，包含物联网参考体系结构中的服务提供域、运维管控域和资源交换域。

安全用户域的防护对象包括用户的信息系统（固定办公）和移动智能终端设备（移动办公）。

3.2.4 物联网云侧技术

物联网云平台应用层处于物联网总体架构的顶端，构建了物和用户（包括人、组织和其他系统）互相作用的通道。在智能家居、智能交通、智慧城市、智慧能源、环境监测、远程医疗等垂直行业，物联网应用结合具体行业的需求，在应用场景、产业链发展模式、商业模式等方面不断创新，得到了相对广泛的应用，在大众中的渗透率也逐年提升。物联网行业应用现阶段形成的需求主要有以下几方面。

一是垂直信息的开放和协同。物联网蓬勃发展的推动力不仅仅是海量的物与物之间的连接，更重要的是这些连接带来的协同与信息共享。然而，尽管目前物联网连接已经达到了上亿的规模，但是由于竖井式、封闭式的物联网应用开发模式，海量的连接碎片式地散布于各应用中，难以形成规模发展态势。因此，随着各产业协作和整合，应用壁垒将逐步被打破，针对特定的垂直行业，信息的协同和开放将拓展整个行业的整体价值。

二是通用能力的集成和共享。打破物联网应用竖井式的现状，除了要增强应用之间的协同和开放，还需要从底层构建不同业务通用能力的集成和共享平台，包括基础设施、数据处理和分析、规则引擎、业务运营能力等。通过开放 API、SDK 等方式，从业务支撑的角度，提升业务创新的灵活性和敏捷性。

三是海量的数据处理和分析能力。物联网的概念其实早在 1999 年就已经提出来了，当时的含义是机器到机器（Machine to Machine，M2M），强调的是物与物之间的连接。而现在，物联网已经变成了 IoT(Internet of Things)。在这个转变的过程中，连接的主体没有发生太大的变化，只是 IoT 中的连接附加了更多的价值和信息。云计算以及大数据技术的发展，使得这些信息能够在可承受的成本之内产生更多的价值，这也是业界给予物联网如此乐观预测的重要原因。大数据技术通过对海量数据进行处理和分析，赋予物以自动诊断、故障告警、行为模式预测等智能，极大地扩展了物联网应用的发展空间。

1. 云平台的主要功能

物联网云平台是物联网产业链中承上启下的枢纽，向下接入分散的物联网传感层，汇集传感数据，向上面向应用服务提供商提供应用开发的基础性平台和统一的数据接口。物联网云平台打破了传统的物联网行业应用和终端设备的紧耦合关系，以松耦合的方式连通了底层设备、应用开发者、第三方业务能力、企业 IT 系统能力（CRM、ERP 等），是物联网端到端解决方案的核心。下面将从功能和技术两个方面梳理平台的要求。

为响应物联网业务的灵活管理、快速开发、通用能力支撑等要求，物联网云平台需要具备相应的功能模块，相互之间的关系如图 3-30 所示。

（1）连接管理平台（Connectivity Management Platform，CMP）: 对于移动运营商来说，物联网应用的管理呈现了新的需求。一方面，物联网多样化的业务场景使得话务模型呈现较大的差异，为了更好地适配业务的需求，运营商需提供更加灵活的资费套餐；另一方面，随着大量诸如智能抄表等超低 ARPU 值的物联网业务的引入，运营商对于管理成本的控制更为严格。为此，CMP 的重要作用就逐渐凸显出来。CMP 应用于运营商的网络之上，为运营商提供连接配置、计费出账、故障管理、资源配置及管理等功能，使运营商能够更好地做好物联网连接管理。

（2）设备管理平台（Donnectivity Management Platform，DMP）: DMP 构建于业务应用和终端设备之间，通过 API 为上层的应用提供终端设备的统一接入和管理功能，包括远程监控、参数设置、在线升级、故障排查、生命周期管理等，加速业务功能开发和系统集成。

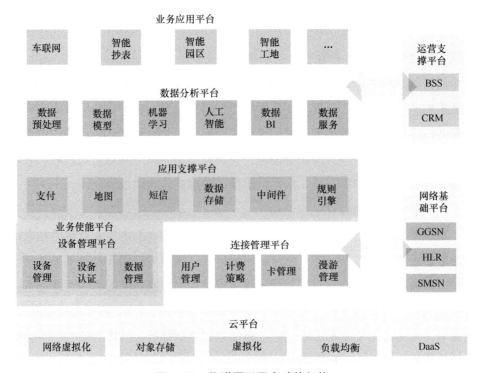

图3-30　物联网云平台功能架构

（3）应用支撑平台（Application Enablement Platform，AEP）: AEP 是一类面向开发者提供应用开发和统一数据存储的 PaaS 平台，包括中间件、业务逻辑引擎、第三方接口等，降低开发成本，缩短开发时间。

（4）业务分析平台（Business Analytics Platform，BAP）: 随着大量设备连接入网以及设备状态信息的感知，基于物联网海量数据的智能分析以及相关的行业应用将体现出巨大的价值。BAP 则是挖掘数据潜在价值、提升数据的经济效益的工具。BAP 汇集了各类相关数据，通过数据分类、数据建模等方式提供基础的数据分析和行为预测能力，并以图表、仪表盘、数据报告等视觉化的方式予以展现。

2. 云平台的特性

物联网生态链上除了最终用户，还有芯片/模组厂商、终端设备厂商、网络运营商、系统提供商、集成商、综合方案提供商、数据分析厂商、服务提供商、大型开发者、中小微开发者等各种角色。物联网平台作为生态链聚集的核心，从平台设计的技术需求的角度应具备以下特性。

（1）接入与标准化

物联网平台须屏蔽底层终端设备的差异性，为上层应用提供普适、统一的应用支撑，因此需提供 CoAP、MQTT、LWM2M 等标准协议对终端进行接入和管理，支持 SOAP、RESTful 等对接业务应用或第三方系统的交互协议。

（2）开放性

物联网平台承担着聚集产业链的重要作用，其核心诉求是尽可能多地连通底层设备和应用开发者。因此，平台须秉持开放的原则，吸引众多的生态链企业，共铸产业繁荣。对于运营商来说，物联网平台的开放性包括两个维度。一方面，须以第三方接口或组件的方式，将极具运营商特色的能力（如语音、短信、定位等）集成至物联网平台，达到增强平台能力、吸引产业生态的目的。另一方面，物联网平台需提供普适的、开放的接口，供开发者或产业内的其他合作者调用，构建业务闭环。

（3）可扩展性

物联网平台的可扩展性包括功能可扩展和架构可扩展。从功能上说，须采用分层结构和模块化软件设计方式，保证平台的通用性和可扩展性。从架构上说，平台须采用云化方式，面向业务需求，提供灵活的、按需的弹性可扩展能力。

（4）可靠性

基于云平台系统安装和部署，其系统可靠性主要有系统集群、地理容灾、模块级容灾、虚拟机可靠性等。另外，网络的可靠性要考虑 1+1 互备或 Pool 模式。

（5）安全性

在物联网行业应用中，无论家用级或企业级的互联设备，如接入互联网的交通指示灯、恒温器或医用监控设备，一旦遭到攻击，后果都将非常可怕。因此，安全是物联网各个环节均须重点考虑的问题。物联网平台须提供完整的安全架构设计，构筑多层防御系统的安全对策，确保物联网的安全性。物联网平台安全设计应参考标准组织安全规范和行业最佳实践，包括：ITU X.805 网络分层和威胁分析、OneM2M/ETSI 安全方案和风险、3GPP 接入安全、IETF TLS/DTLS 协议、OWASP 安全规范、STRIDE 安全威胁识别方法等，根据解决方案的功能划分，按最小授权、多层独立防护的原则要求设计各部件的安全属性。

3. 物联网云平台与新技术的结合

（1）大数据 / 人工智能

新一代人工智能的发展依赖海量数据，而海量数据的获取依靠的是高效的数字化、网络化、智能化的物联网基础设施。未来伴随着人工智能浪潮的兴起，基于大数据 + 人工智能的物联网将在雄安新区智慧孪生城市中扮演重要角色。

利用传统的方法进行数据分析，系统需要获取过去的数据，在数据处理过程中进行解释并给出相关报告。物联网和机器学习更多的是将数据用于预测：从期望的结果出发，在各个符合标准的输入变量之间找到交互关系。

人工智能可用于管理多个相互关联的物联网实体，它的处理能力和学习能力对于分析物联网传输设备产生的大量数据至关重要。利用人工智能算法对已收集的数据进行处理，企业所有者可以发现项目中存在的潜在风险，防患于未然的同时适当对其他案例做出调整。人工智能处理物联网数据还有以下特点。

① 为物联网提供强有力的数据扩展。物联网可以说成是互联设备间数据的收集及共享，而人工智能是将数据提取出来后进行分析和总结，促使互联设备间更好地协同工作，物联网与人工智能的结合将会使其收集来的数据更有意义。

② 使物联网更加智能化。在物联网应用中，人工智能技术在某种程度上可以帮助互联设备应对突发情况。当设备检测到异常情况时，人工智能技术会为它做出如何采取措施的进一步选择，这样大大提高了处理突发事件的准确度，真正发挥了互联网时代的智能优势。

③ 提高物联网的运营效率。人工智能通过分析、总结数据信息，从而解读企业服务生产的发展趋势并对未来事件做出预测。例如，利用人工智能监测工厂设备零件的使用情况，从数据分析中发现可能出现问题的概率，并做出预警提醒。这样一来，能在很大程度上减少故障影响，提高运营效率。

（2）云计算

物联网为了实现规模化和智能化的管理和应用，对数据信息的采集和智能处理提出了较高的要求。云计算由于具有规模大、标准化、安全性较高等优势，能够满足物联网的发展需求。云计算通过利用其规模较大的计算集群和较高的传输能力，能有效地促进物联网基层传感数据的传输和计算。云计算的标准化技术接口能使物联网的应用更容易被推广。云计算技术的高可靠性和高可扩展性为物联网提供了更可靠的服务。

云计算的分布式大规模服务器，很好地解决了物联网服务器节点不可靠的问题。随着物联网的逐渐发展，感知层和感知数据都不断地增长，在访问量不断增加的情况下，物联网的服务器会出现间歇性的崩塌。增加更多的服务器资金成本较大，而且在数据信息较少时，又会使服务器产生浪费的状态。

云计算集成的 AI 和大数据处理能力，很好地充当了"大脑"的角色，能够从收集到的实物信息中分析出潜在规律并给终端设备发送指令，使物联网所连接的设备具备了真正意义上的"智能"。

（3）区块链

区块链技术支持物联网海量设备扩展，可用于构建高效、安全的分布式物联网，以及部署海量设备网络中运行的数据密集型应用。区块链可为物联网提供信任机制，保证所有权、交易等记录的可信性、可靠性及透明性，同时，还可为用户隐私提供保障机制，从而有效解决物联网发展面临的大数据管理、信任、安全和隐私等问题，推进物联网向更加灵活化、智能化的高级形态演进。

使用区块链技术构建物联网应用平台，可"去中心化"地将各类物联网相关的设备、网关、能力系统、应用及服务等有效连接融合起来，促进其相互协作，在打通物理世界与虚拟世界、降低成本的同时，极大限度地满足信任建立、交易加速、海量连接等需求。

① 提升网络的边缘计算能力

当前绝大多数的物联网环境仍基于中心化的分布式网络架构，边缘节点仍受中心化的核心节点的能力制约。通信网络向扁平化展开，通过增强边缘计算能力提升网络接入和服务能力已成为发展趋势。通信网络的扁平化，与区块链的"去中心化"有着天然的互补特性。

未来雄安新区可利用区块链的"去中心化"机制，把物联网的核心节点的能力下放到各个边缘节点，核心节点仅控制核心内容或做备份使用，各边缘节点为各自区域内的设备服务，并可通过更加灵活的协作模式以及相关共识机制，完成原核心节点承担的认证、账务控制等功能，保证网络的安全、可信、稳定运行。同时，计算和管理能力的下放，亦可增强物联网的网络扩展能力，支撑网络演进升级。

② 提升物联网的身份认证能力

为适应 5G 和物联网技术的快速发展，运营商面对众多的产业合作方，必须通过技术手段加强安全的互信合作。公钥基础设施（Public Key Infrastructure，PKI）是一种建立互信的重要技术手段，是运营商对内优化流程、对外协作的安全方案平台。随着网络与通信技术的发展，PKI 体系在移动通信网、物联网、车联网等场景中的应用越来越多。但 PKI 在使用的便捷性和互联互通等方面产生了一些新的问题，区块链技术去中心化、防篡改、多方维护等特点可帮助 PKI 体系更加透明可信、广泛参与、优化流程等。

③ 提升物联网设备的安全防护能力

基于成本和管理等方面的因素，大量物联网设备缺乏有效的安全保护机制，如家庭摄像头、智能灯、路灯监视器等。这些物联网设备容易被劫持，被劫持的物联网设备经常被恶意软件肆意控制，并对特定的网络服务进行分布式拒绝服务（Distributed Denial-of-Service，DDoS）攻击。为了解决这类问题，需要发现并禁止被劫持的物联网设备连接到通信网络，并在它们访问目标服务器之前就切断网络连接。通信运营商可以升级物联网网关，并将物联网网关用区块链连接起来，共同监控、标识和处理物联网设备的网络活动，保障并提升网络安全。

④ 提升物联网业务平台的去中心化能力

传统的物联网业务平台作为连接和服务中心，起到连接和管理物联网应用、物联网业务、物联网设备、物联网数据的作用。在传统的物联网业务平台中，物联网应用和物联网业务只有通过物联网业务平台才可以访问物联网设备和物联网数据。

根据物联网业务平台的部署和协作机制，物联网业务平台可以分为 3 种工作模式：中心化工作模式、分布式工作模式和"去中心化"工作模式。

随着物联网中设备数量的急剧上升，服务需求不断增加，传统的物联网服务模式面临巨大挑战，主要体现在数据中心基础设施建设与维护投入成本的大幅攀升，以及相关物联网业务平台存在的安全隐患和性能瓶颈等问题。为了解决这些问题，不少企业或机构开始尝试设计各种新型物联网服务模式，而使用区块链技术搭建"去中心化"的物联网业务平台已成为其中重要的模式之一。

使用区块链技术搭建的物联网业务平台是一种"去中心化"的业务平台即物联网区块链（Blockchain of Things，BoT）。物联网区块链支持物联网实体（如物联网设备、物联网服务器、物联网网关、服务网关和终端用户设备等）在"去中心化"的模式下相互协作。在一个物联网实体上可以部署一个或多个物联网区块链节点（BoT 节点）和"去中心化"应用（dApp）。物联网实体通过"去中心化"应用连接到 BoT 节点，进而在物联网区块链上相互协作。

⑤ 支撑物联网云平台

利用区块链技术和云计算平台可以搭建区块链云服务平台，面向开发者与行业用户提供区块链能力服务，可极大地降低实现区块链底层技术的成本，简化区块链构建和运维工作，专注于满足行业用户的个性化需求或制定专业化解决方案。区块链云服务亦可致力于面向区块链行业用户，提供基础技术能力，具体可包括企业级区块链基础设施，端到端解决方案，以及安全、可靠、灵活的区块链云服务等。用户通过高性能的区块链服务，可在实现安全可靠交易对接的前提下，利用可视化数据管理手段，有效降低运营综合成本，提高运营效率。

区块链云服务可以与物联网的边缘计算基础设施相互融合，利用物联网的边缘计算节点为物联网用户和设备提供物联网区块链融合业务。同一通信运营商或不同通信运营商的物联网边缘计算节点可以构成区块链（如联盟链），这些边缘计算节点可以代表物联网设备存储数据和参与协作，从而加快物联网设备之间的协作效率。

区块链云服务和区块链边缘云服务可以相互补充：区块链云服务提供基于核心云（公有云、私有云、混合云等）的物联网区块链融合业务，区块链边缘云服务提供基于边缘云的物联网区块链融合业务。同时，区块链云服务和区块链边缘云服务可以相互协作。

（4）物联网云平台安全

为解决智慧城市物联网节点面临的计算资源、体积、功耗受限，以及网络规模和复杂度提升的问题，应对在大连接、异构数据、时延复杂的条件下，智慧城市应用在安全、连接、融合等方面的挑战，采用区块链技术和国密算法技术，结合组合公钥技术，建设一套基于标识密码技术的安全物联网互联互通安全体系架构，包含云、网、雾、端各节点的安全物联网体系，实现在超大规模终端连接、低时延、高可靠需求下的可信身份认证、安全协商、数据完整性与机密性、跨域设备身份与认证服务、密钥管理服务，以及设备自动发现、识别及状态与行为智能感知。以实现智慧城市数据安全为导向，以技术为支撑、应用为驱动、资源整合为手段，建设物联网与智慧城市在设计、建设、应用方面的安全保障技术，突破时间、位置、身份三者同时协同的"安全根"建设的关键技术，搭建智慧城市基础设施安全认证管控应用平台，能够达到解决 10 亿规模的物联网节点访问时间粒度应不大于 1 分钟的目标。

随着《密码法》的实施落地，众多智能硬件、软件生产商都在为实现密码能力的应用而苦闷。从雄安新区的整体规划来看，在未来的 5G 实际业务中，物联网安全应用平台若缺乏基础的密码能力作为基石，整个网络将面临严峻的安全风险考验。

物联网云平台安全的核心是围绕国产密码技术开展创新应用，构建基于密码体系的安全解决方案。因此，在物联网设备的整体网络架构中，贯穿"端管云"三个层面的业务链、数据链、设备链都应具备相应能力和机制保障密码技术的实现。

因此，5G 网络在面向行业应用时，需要在大网上形成基于"零信任"新网络架构的密码安全主动防御应用能力，在解决雄安新区网络受联网设备攻击造成的安全风险的同时，为行业终端厂家、应用软件商等生态链提供统一的、简单的、高效快捷的密码接入能力，同时为最终行业客户提供安全的统一接入能力。以此为目标，建设一套适用于物联网环境的基于分布式人工智能深度计算以及国产密码标识密钥认证体制的智慧城市物联网终端安全认证管控服务平台，同时研发相应的安全终端，支持 10 亿规模的设备端到端的双向认证、跨域认证、离线认证等功能；搭建面向智慧城市的安全应用系统，包含安全控制中心、安全网关、智能防火墙、风险预测模型等；实现智慧城市安全应用平台中的用户数据隐私保护与访问控制、电子取证、数据取证等安全机制。

① 密码开发服务平台

面向全行业智能终端、物联网终端联网的市场开放业务能力，面向全行业提供连接能力，面向全生态提供接口能力的密码开发服务平台。跨平台的密码开发服务平台支持现行的 CA 等密码体制，可与密码设备（SOC 芯片、密码卡、密码机等）无缝结合；尤其适合与嵌入式设备的结合，支持 MIPS/ARM/X86 等硬件架构；实现了签名验证、身份鉴别、密钥协商、隧道加密等安全协议，通过开放的 API 进行简单开发，就可以保障业务安全；可以与现有的密码体制进行无缝结合（CA 等），也可以根据业务特性设计独立的密码体制。

② 终端安全认证管控服务平台

面向全行业终端联网的统一接入安全认证服务平台，主要用于提供基于雄安新区物联网基础通信接入资源的安全认证能力。能够支持目前各工厂、汽车车厂、设备商、企业等自建的 CA 认证，可以支持物联网场景中物对物的离线、跨域认证，可满足低功耗、低时延、超大连接等轻量级算法认证场景的综合需求。

标准化、开放化的安全服务平台，实现端到端的身份认证和安全通信。面向社会提供 5G 物联网安全服务，全面覆盖物联网在云、管、端不同层面的安全能力，为物联网应用提供高品质、高标准、综合的安全接入解决方案。

雄安智慧新区通过安全认证服务平台的建设，为业务平台提供安全技术支撑，为第三方业务应用平台提供针对终端设备的业务安全管理，以及终端设备的安全管控。安全服务平台为 5G 物联网安全提供设备认证、数据加密、信息防篡改等功能，满足 5G 物联网应用的安全需求，有效保证 5G 物联网的网络安全、应用安全和数据安全。

平台采用国家的相关标准或规范，密码算法采用国家标准算法 SM2、SM3 和 SM4，密码设备采用国家密码管理部门批准生产和使用的产品。平台建设的各个环节符合国家已经制定的关于信息安全的法律法规、安全策略、密码与安全设备选用规范、网络互联、安全管理等有关规定。

平台的设计充分考虑今后的扩展性，在空间、容量、结构上支持多应用。密钥标识注册系统（KRS）和密钥标识及状态发布服务系统（KDS）具有分布式部署的结构，必要时可进行扩展部署，以适应大规模、大容量和快速反应的需求。

平台采用模块化设计，能够灵活配置，便于系统集成、系统扩充，可方便地根据实际需要进行扩容，支持集群和负载均衡的部署方式，以实现安全服务平台功能和性能的扩展和升级。

平台支持国家密码管理局认可的加密算法更新和扩充，在与加密设备的连接中，支持国密 SKF 等接口规范。

3.3　城市云网融合技术

随着 5G 的广泛商用，边缘计算产业供需双方均已开始大力推动边缘计算产品的商用部署。运营商积极从市场运营、技术储备、产品研发和产业生态等各个方面制定发展策略推进边缘计算建设。边缘计算作为 5G 的重要组成部分，在电信运营商、云商和行业领域有着极大的市场需求，是推动行业数字化转型的重要技术。当前，运营商的边缘计算解决方案极大地推动了边缘计算网络架构、接口的发展及成熟；云商的边缘计算解决方案极大地推动了应用的分布化架构，以及应用在边缘计算上的适用性。

电信运营商目前在边缘计算产业中处于领先位置。5G 网络的部署应用能够满足业务终端的移动性需求及业务报文传输的低时延需求，使大部分边缘应用场景具备了实用性。凭借拥有 5G "网"的优势，运营商的边缘计算建设策略通常为以网带云。边缘计算通常部署在区、县、市，面向 2B 企业用户提供专用或共享的边缘计算产品。运营商的边缘方案产品通常包含边缘云、边缘接入网关，边缘网络平台及少量通用边缘应用，主要向 2B 用户提供边缘应用分流、5G 网络能力服务、基础行业能力服务、云计算资源以及边缘应用托管。

3.3.1　云网融合发展综述

近年来，随着全球云计算领域的活跃创新和我国云计算发展进入应用普及阶段，越来越多的企业开始采用云计算技术部署信息系统，企业上云意识和能力不断增强。为了保障企业上云的正常进行，企业对网络产生了新的需求，在此背景下，云网融合应运而生，如图 3-31 所示。

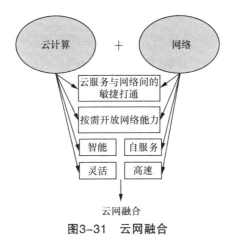

图3-31　云网融合

云网融合是一个新兴的、不断发展的新概念，在技术、战略层面上有丰富的内涵。

从技术层面来看，云计算的特征在于 IT 资源的服务化提供，网络的特征在于提供更加智能、灵活、便捷的连接，而云网融合的关键在于"融"，其技术内涵是面向云和网的基础资源层，通过实时虚拟化或云化的技术架构，提供面向用户的简洁、高效、开放、融合、智能的新型信息基础设施的资源供给。

从战略层面来看，云网融合是新型信息基础设施的深刻变革，其内涵在于通过云网技术和生产组织方式全面、深入地融合与创新，运营商在业务形态、商业模式、运维体系、服务模式、人员队伍等多方面进行调整，从传统的通信服务提供商转型为智能化数字服务提供商，为社会数字化转型奠定坚实、安全的基石。

云网融合是基于业务需求和技术创新并行驱动带来的网络架构的深刻变革，使云和网高度协同、互为支撑、互为借鉴的一种概念模式。云网融合包含云和网两个方面，以云为核心和以网为核心会催生两个不同的业务方向：以云为核心，云计算业务的开展需要强大的网络能力的支撑，即云间互联；以网络为核心，网络资源的优化同样要借鉴云计算的理念，云和网双向支撑。

3.3.2　云网融合技术的特征

当前，网络信息技术加速引领新一轮科技革命，以前所未有的广度和深度引发经济社会多方位、全领域、深层次的技术创新和产业变革。在 5G、物联网、工业互联网等新兴领域蓬勃发展，人人互联加速向万物互联迈进的时代趋势下，网络空间传统 IPv4 地址资源紧缺等问题日益凸显，以 IPv6 为代表的下一代互联网技术应运而生。IPv6 凭借其海量地址空间、内嵌安全能力等技术优势，为泛在融合、大连接的新形势下网络信息技术的创新发展提供了基础网络资源支撑，已成为促进生产生活数字化、网络化、智能化发展的核心要素，吸引全球发达国家的广泛关注和大力投入。

近年来，我国紧抓全球信息通信技术加速创新变革、信息基础设施快速演进升级的历史机遇，在国家层面出台了《推进互联网协议第六版（IPv6）规模部署行动计划》（以下简称《行动计划》），提出"一条主线、三个阶段、五项任务"总体目标，全力推进互联网演进升级和健康创新发展。

从 IPv4 到 IPv6，IP 网络将发生体制性的变革。利用 Locator 与 ID 分离的业务灵活定义能力，通过定义不同的 ID 属性，可以实现网络对业务的感知，理解业务需求，为业务提供更好的服务。SRv6 将大幅降低云网协同的复杂度；计算优先网络（Computing First Network，CFN）可以同时感知业务对计算资源和连接资源的需求，并将数据流量调度到最适合的算力资源进行处理，提升网络与计算的效率；未来还可以根据不同行业的需求，在 IPv6 网络中定义新的 ID 属性，不断扩展 IP 网络对业务的感知能力，并支持任意业务之间的连接。基于 IPv6 的灵活地址，可以在同一体系下构建具备端口级、租户级和业务级三层平面的新型 IP 网络，既兼容传统网络，又可向上感知多种业务需求，向下协同利用光、无线多种底层网络资源，实现一网多平面统一承载。

随着视频娱乐、线上外卖等新模式以及行业数字化转型的快速发展，万物互联、多租户云网络对 IP 地址的需求数量超过 1000 亿，远高于 IPv4 能满足的地址总量。同时，互联网安全事件频发，通过 IPv4+NAT 方式解决地址分配问题，导致安全威胁难以溯源，严重制约互联网安全治理。《行动计划》的提出，加快了我国 IPv6 网络建设。当前我国电信网络基础设施的 IPv6 升级改造已基本完成，IPv6 活跃连接数达到 11 亿，骨干直联点 IPv6 总流量达到 203.4GB，已具备全国服务基础。

5G 和云时代的复杂业务场景，对网络简化、网络体验和网络智能化提出了更高的要求，需要在 IPv6 ready 的基础上，进一步将 IPv6 与创新技术相结合，发展增强型的"IPv6+"网络。通过"IPv6+Slicing+AI+新一代 IP"，实现云网融合、业务快速开通、服务质量和体验可保障，驱动网络服务化转型，激发业务和商业模式创新，加快企业数字化步伐。如 IPv6+Slicing 提供差异化的网络服务，IPv6+AI 提供关键业务的体验保障，IPv6+SRv6 提供业务快速发放等，激发业务创新。路径可规划、业务速开通、运维自动化、质量可视化、SLA 可保障、应用可感知的"IPv6+"网络将成为下一代互联网演进的重要路线。

IPv6 经过 20 多年时间的发展并未得到广泛的部署和应用，SRv6 的出现顿时使 IPv6 焕发出了非比寻常的活力。随着 5G 和云业务的发展，IPv6 扩展报文头蕴藏的创新空间正在快速释放，其上的应用不断变为现实，人类正在加速迈入 IPv6 时代。

SRv6 是新一代 IP 承载协议，可以简化并统一传统的复杂网络协议，是 5G 和云时代构建智能 IP 网络的基础，SRv6 结合了 Segment Routing 的源路由优势和 IPv6 的简洁易扩展特质，而且具有多重编程空间，符合 SDN 的思想，是实现意图驱动网络的利器。

SRv6 丰富的网络编程能力能够更好地满足新的网络业务的需求，而其兼容 IPv6 的特性也使网络业务部署更为简便。SRv6 不仅能打破云和网络的边界，使运营商网络避免被管道化，将网络延伸到用户终端，更多地分享信息时代的红利，还可以帮助运营商快速发展智能云网，实现应用级的 SLA 保障，使千行百业广泛受益。

3.3.3 SRv6的优势

目前 Segment Routing 支持 MPLS 和 IPv6 两种数据平面，如图 3-32 所示：MPLS 数据平面的 Segment Routing 称为 SR-MPLS，其 SID 为 MPLS 标签（Label）；基于 IPv6 数据平面的 Segment Routing 称为 SRv6，其 SID 为 IPv6 地址。

2019 年，MPLS + SDN + NFV 国际会议期间，全球首届 SRv6 产业圆桌论坛在法国巴黎成功举办。与会专家一致认为，SRv6 将是继 MPLS 之后的新一代 IP 承载网核心协议，承载网只有全面具备 SRv6 能力，才能满足 5G 和云时代的智能连接承载需求。

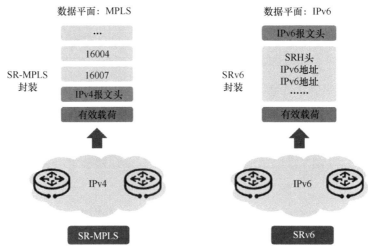

图3-32　Segment Routing支持的两种数据平面

2019年12月，中国推进IPv6规模部署专家委员会主办了SRv6产业沙龙，与会专家共商SRv6和IPv6＋的创新工作，探讨SRv6技术与产业推动，并联合发布了《SRv6技术与产业白皮书》和《SRv6互通测试报告》。

截至2020年底，欧洲高级网络测试中心（European Advanced Networking Test Center，EANTC）已经成功进行了3次SRv6多厂商互通测试，测试范围包括基本SRv6 VPN业务场景、SRv6可靠性、SRv6 Ping/Tracert等，测试结果符合预期且充分证明了SRv6的商用部署能力。

截至2021年3月，在IETF标准工作领域，SR架构已经通过RFC 8402（Segment Routing Architecture）完成标准化；SRv6最基本的标准也通过RFC 8754（IPv6 Segment Routing Header（SRH））和RFC 8986（SRV6 Network Programming）完成标准化，这两个RFC为SRv6的发展奠定了基石；SRv6的IGP/BGP/VPIN协议扩展也正在IETF逐步推进，其中，IS-IS和VPN的文稿已经通过WGLC（Working Group Last Call）阶段。协议的成熟必将有力推动SRv6产业前进的步伐。

1. 促进云网融合

在云数据中心互联场景中，IP骨干网采用MPLS/SR-MPLS技术，而数据中心网络则通常使用VxLAN技术，这就需要引入网关设备，实现VxLAN和MPLS的相互映射，因而增加了业务部署的复杂性，但这却并没有带来相应的收益，如图 3-33 所示。

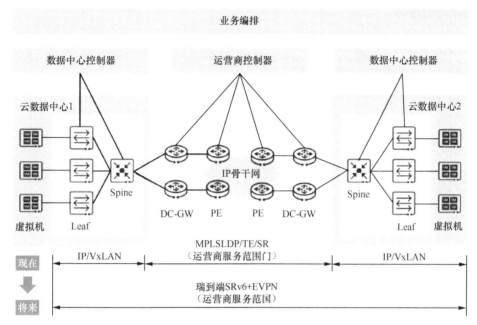

图3-33 云数据中心互联场景

SRv6 具备 Native IPv6 属性，SRv6 报文和普通 IPv6 报文具有相同的报文头，使得 SRv6 仅依赖 IPv6 可达性即可实现网络节点的互通，也使得它可以打破运营商网络和数据中心网络之间的界限，进入数据中心网络，甚至服务器终端。

IPv6 的基本报文头确保了任意 IPv6 节点之间的互通，而 IPv6 的多个扩展头能够实现丰富的功能。SRv6 释放了 IPv6 扩展性的价值，基于 SRv6 最终可以实现简化的端到端可编程网络，真正实现网络业务转发的大一统，从而实现"一张网络，万物互联"。

2. 兼容存量网络

SRv6 与存量 IPv6 网络兼容，因而可以按需快速开通业务。部署业务时，不需要全网升级，能够保护现网的已有投资；另外，业务开通只需要在头、尾节点进行部署，缩短部署时间，提升部署效率。

如图 3-34 所示，在初始阶段，将一些必要设备（如头尾节点）升级到支持 SRv6 的版本，然后基于 SRv6 特性部署新业务，中间设备只要支持 IPv6，按照 IPv6 路由转发即可。后续可以按需升级中间节点，提供基于 SRv6 流量工程的增值服务。

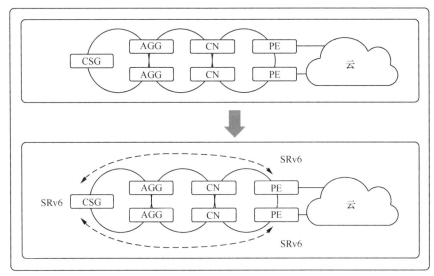

图3-34　兼容存量网络

3. 提升跨域体验

相比传统的 MPLS 跨域技术，SRv6 跨域部署更加简单。SRv6 具有 Native IPv6 的特质，所以在跨域的场景中，只需要将一个域的 IPv6 路由通过 BGP4+ 引到另一个域，就可以开展跨域业务部署，由此降低了业务部署的复杂性。

SRv6 跨域在可扩展性方面也具备独特的优势。SRv6 的 Native IPv6 特质使得它能够基于聚合路由工作。这样即使在大型网络的跨域场景中，只需要在边界节点引入有限的聚合路由表项即可，如图 3-35 所示。这降低了对网络设备能力的要求，提升了网络的可扩展性。

4. 敏捷开通业务

随着多云、混合云成为趋势，企业客户需要灵活访问分布在不同云上的应用，网络必须能够提供相应的上云连接。同时，为支撑应用在不同云间的灵活调度，需要承载网与云进行敏捷打通，为不同云上的资源提供动态、按需的互联互通。

在传统的二层点对点专线模式下，企业需要基于不同云的部署位置租用多条上云专线，并通过手动切换或者企业内部自组网调度实现对不同云应用的访问，影响业务灵活性和多云访问体验，云网协同复杂度高。

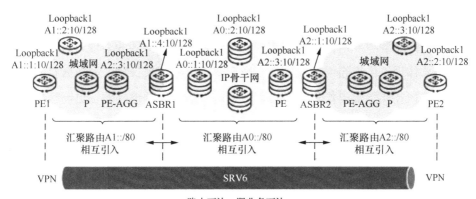

图3-35　SRv6跨域的优势

同时，由于缺失一张统一互联互通的云骨干网，当有多个不同的网络分别访问多个云时，如新建一个云数据中心，意味着所有网络和云的连接都需要新建开通，连接复杂，分段部署难度非常大，业务变现时间长。

SRv6+EVPN 如图 3-36 所示。

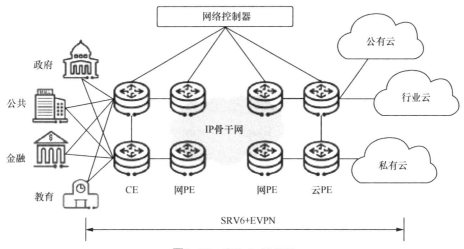

图3-36　SRv6+EVPN

3.3.4　基于数字孪生的融合网络仿真推演技术

数字孪生以数字化的方式建立物理实体的多维、多尺度、多学科、多物理量的动态虚拟模型来仿真和刻画物理实体在真实环境中的属性、行为、规则等。针对目前融合网络运维管理手段集成度不高，存在运行管理"感知难、治理难、维护难"的问题，通过数字孪生技术，突破基于数字孪生的融合网络通信资源建模和协同交互机制的问题，提高现有融合网络通信资源的管理运维能力。采用基于本体理论的融合网络通信资源数字孪生敏捷建模技术，解决融合网络通信资源难以在实际复杂场景下多维度、纵深化仿真的关键问题，进而模拟真实的网络运行环境。基于 LSTM 深度神经网络、贝叶斯网络等多种机器学习和深度学习模型，实现对融合网络故障的评估分析和仿真推演。

1. 基于虚实结合的通信资源数字孪生协同交互技术

基于本体建模技术，采用信息 – 物理映射的建模方法建立智能空间模型，为信息空间中设备服务的动态规划与重组提供依据。

融合网络通信资源空间由大量具有计算、通信、存储能力的设备组成，这些设备是信息空间与物理空间的接口，既体现了设备服务之间的互操作关系，更体现了物理世界中实体间的关系和规则。因此，可引入本体建模技术，采用信息 – 物理映射的建模方法，建立智能空间模型，从而在反映物理世界及其规则的同时，利用这些规则为信息空间中设备服务的动态规划与重组提供依据。

本体是共享概念模型的明确的形式化规范说明，在计算机科学中，本体可定义为一个七元组：

$$O = \left(C, A^C, R, A^R, I, H, X \right)$$

其中，C（Class）是概念的集合；A^C（Class Attribute）是概念属性的集合；R（Relation）是关系的集合；A^R（Relation Attribute）是关系属性的集合；I 是实例的集合；H 是概念的层次关系；X 是公理的集合。

融合网络通信资源空间需要在动态环境中对异构的泛在设备进行准确的操作，很大程度上依赖对服务和机制的描述。单一的服务很难满足用户的服务需求，这就需要进行服务的组合。通过对融合网络通信资源空间进行信息 – 物理映射建模，在信息空间和物理空间建立了严格的映射关系，因此可采用下列方法进行服务规划。

（1）根据物理空间的前提条件和结果（P/E），将实体关系或属性映射到信息空间的输入和输出（或目标服务）。

（2）在信息空间根据服务互操作（I/O）拓扑，使用有限状态矩阵服务规划算法生成服务组合流程。

（3）将服务组合流程映射回物理空间的本体，通过本体间的关系推理计算，验证服务流程的有效性。生成服务路径之后，可以利用本体推理算法，对服务流程中涉及的物理空间本体及其关系进行验证计算。

在数字孪生模型的基础上，模型与融合网络通信资源必须协同交互，才能使模型实时、有效地反映融合网络通信资源的状态，实现物理融合网络通信资源的数字孪生。因此，首先需要将物理实体的各类数据清洗融合成无冲突的一套数据，然后将物理实体数据加载到数字孪生模型中，最后实现数字孪生模型与融合网络通信资源的协同仿真，使数字孪生模型反映物理实体的变化。

数字孪生实体不是一个静态的实体，它需要实时反映融合网络通信资源的状态变化，这就必须在数字实体和物理实体间建立交互关系。根据交互方式的不同，融合网络通信领域可用的获取方式通常有以下几种。

实时接口： 对于在设计时就提供对外数据接口的物理实体，可采用实时接口的方式，将物理实体的最新状态变化信息传递给数字孪生实体，如部分具有标准接口的通信设备。

远程监控： 对于在设计中未提供数据接口的设备，可采用监控方式，获得物理实体的状态。例如，对于通信设备中无管理接口的哑设备，可采用视频监控、网络探测、数据流量监控等方式，获取其工作状态，实时映射到数字孪生实体上。

数据同步： 对于静态的、长期不变的数据，可采用一次性批处理的方式进行数据同步。例如机房、机柜、光纤物理线路等长期不变的数据，可以进行一次性同步。部分会变化的数据也可采用在审批流程中获取数据，将数据同步到孪生实体的方法。例如光纤上承载的通道，除了可以采用实时接口从网管系统获得，也可以从方式单审批流程中获得相关信息，进行智能识别，生成结构化数据，映射到孪生物理实体上。

2. 基于数字孪生的故障预测和推演技术

（1）面向资源受限的轻量化故障预测技术

在泛在物联场景下，故障预测是边缘网络保持平稳正常运行的基础。在物联网中，针对各类网络实体的资源受限问题，提出面向"边缘设备－边缘服务器"跨层的轻量化故障预测方法。在边缘节点上基于LSTM的时间特征轻量级提取方法，提取故障信息数据的时序特征，最后经过分类器得到具体故障的预测结果。

在边缘设备层，主要经历节点性能数据采集及预处理和故障信息时间特征提取两个阶段。

数据采集及预处理阶段：从边缘节点获取运行状态数据信息，构造数据集。

故障信息时间特征提取阶段：该阶段采用基于 LSTM 的轻量化时间特征提取算法。实现 LSTM 网络模型剪枝，达到轻量化效果，输出故障信息的提取结果，结合数字孪生技术，能够快速找到故障并进行处理。

边缘网络中，当节点正常运行时，节点的运行数据在连续的时间内基本平稳，呈现出规律且稳定的变化。当节点发生故障时，时间窗口观测得到的节点运行数据往往会发生骤变或渐变等较大的变化。因此，节点运行数据在时间维度上存在相关性。

目前 LSTM 虽然注重时间序列上的记忆性，但是一个 LSTM 基本单元考虑到的信息只有当前时刻的信息以及遗忘门中被保留的一部分信息具有单步依赖性。但是，在边缘网络场景下，由于边缘网络节点不间断运行，使得节点运行数据之间具有连续性。然而，LSTM 神经元记忆单步依赖，导致神经元无法有效捕获到边缘网络节点的多维运行数据与故障状态相关的历史信息之间的关系。因此，经典 LSTM 在边缘网络下的故障预测效果会大打折扣。针对上述问题，研究人员设计了一种基于情景再现的 LSTM 神经元结构。该结构依据情景记忆的思想，构建了一种树形结构，通过对树形结构的搜索，得到关于输入的 k 个最相关情景记忆，并将该 k 个记忆作为改进 LSTM 结构的一部分，从而能够有效捕获到边缘网络节点的多维运行数据与故障状态相关的历史信息间的相关性，加速算法收敛，捕获故障特征数据之间的相关信息。

在边缘网络下，故障预测中的历史故障信息可能在未来的某一刻再现，和人类大脑的情景再现机制很相似。因此，在边缘节点故障信息时间特征提取过程中可以借鉴人类大脑的情景再现机制，在 LSTM 神经元结构中引入情景再现机制。在此，把 k 个故障情景记忆之和作为 LSTM 遗忘门的一部分参与计算，这样 LSTM 既可以得到短期状态记忆结果，也可依据故障情景记忆获取历史故障记忆信息，使 LSTM 的特征提取效果更好，同时加速收敛。

（2）基于贝叶斯网络的融合网络故障推演技术

随着融合网络的规模不断扩大，其拓扑结构越来越复杂，当发生故障，特别是复杂故障时，海量故障告警数据涌入网管中心，给调度人员造成了极大的困难。研究以事件自动触发的故障数据关联技术，实现基于改进的贝叶斯网络方法的网络系统故障推演方法，为网络运维专业人员快速定位故障问题提供了便捷。

首先，对传统贝叶斯网络故障诊断模型的生成方法进行了改进，提出通过关联矩阵的形式来形成贝叶斯网络结构，通过贝叶斯反向推理，确定故障元件。通过贝叶斯正向推理，判断初步分析结果中是否存在误判的动作情况，并制定专家系统规则对其目标节点进行期望概率修正。

其次，提出基于贝叶斯网络方法的网络系统故障推演方法，依据对贝叶斯网络节点先验概率的赋值的大小，确定故障事件的发生顺序，再结合故障诊断结果，形成层次化含动作信息序列的故障推演结果。

最后，将该基于贝叶斯网络方法的网络系统故障推演方法应用于数字孪生模型与通信资源数据协同交互系统中，能够让运维人员快速进行故障诊断和分析，提高运维管理的能力。

3.3.5 时空数据管理

时空数据管理是针对时空大数据特性建立的、集海量存储、查询、分析为一体的时空大数据管理平台，以城市计算概念中的六类时空大数据模型为基础，实现时空大数据的高效存储入库和查询，其主要特色如下。

- ➤ 数据标准化：利用 6 个时空数据模型整合海量数据，扩展性强；
- ➤ 算法模块化：归纳差异化应用背后的公共算法，复用率高，开发成本低；
- ➤ 平台生态化：赋能云计算，支持利用模块化组件快速开发应用；
- ➤ 场景多样化：高效支撑多领域垂直应用，提供点线面整体解决方案。

时空数据管理体系通过核心建模能力，归类万千案例数据。不同的数据模型制定相应的存储策略、数据索引，降低存储成本，极大地提升数据查询效率。支持 TB、PB 级复杂业务应用数据的秒级查询，满足 AI 算法模型特征提取、业务应用。

通过时空数据建模方法论，将城市业务场景数据归纳总结为六大类时空数据模型，并为每种数据模型设计构建最佳的存储和索引方式，如图 3-37 所示。

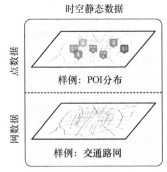
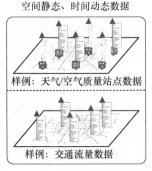
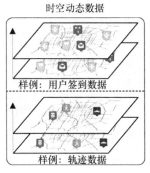

图3-37 六大类时空数据模型

整体技术架构为分布式技术组件架构，以分布式数据 HBase 作为数据存储介质、Spark 为查询分析技术组件，并以其他分布式组件辅助。借助分布式框架的优势，快速响应海量数据的管理、预处理、存储、查询、分析以及挖掘需求。

时空数据管理体系的技术创新点包括以下几点。

（1）高效压缩存储策略

基于原生 HBase 的数据存储结构（K-V 结构）构建针对时空数据的数据压缩机制，将同意义的时空数据存储于同一个数据库 Cell 中，保证数据的语义性，同时减少磁盘存储开销。测试结果如图3-38所示，1.36TB 数据入库，但实际体量为 300GB 左右，存储开销缩减为源数据的 1/3 左右。

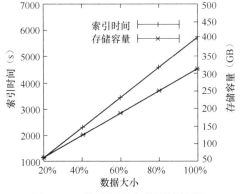

图3-38 高效压缩存储测试结果

（2）多种时空索引

从数据库设计的角度，限制数据快速查询检索的重要因素是数据库是否针对不同结构的数据创建了合适的数据索引。平台自研的多种适配 NoSQL 的时空索引，可有效地为各类异构时空数据创建高效的数据索引，如图 3-39 所示。基于高效的时空数据索引，可以将海量时空数据的查询分析效率提升至少 100 倍，如图 3-40 所示。

平台的时空索引在时空数据业内处于国际领先地位，将传统的二维数据索引升级为适配时空数据结构特性的三维索引，从时间、空间（X、Y）自定义高效索引。基于以下高效时空索引，对于海量数据（TB、PB 级）可实现秒级查询响应，为时空数据业务场景扩展提供坚实的技术基础。

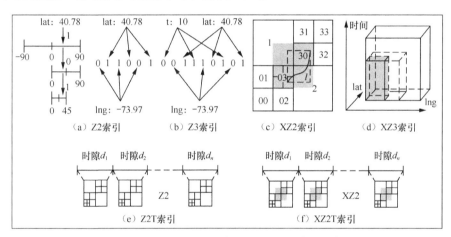

图3-39　平台自研多种适配NoSQL的时空索引

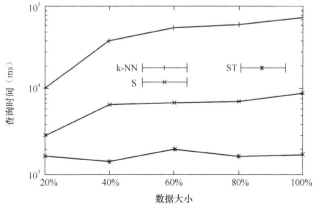

图3-40　高效查询检索性能（秒级查询、分析响应）

（3）数据签名索引

在上述数据压缩和索引策略的基础上，采用了更加精确的数据签名索引策略。以轨迹为例，精确的数据签名索引可以更加精确地描绘数据内容，为数据应用提供更大的优化空间。数据签名索引效果如图 3-41 所示。

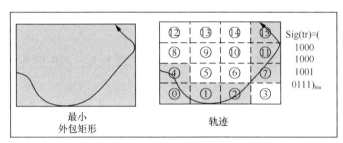

图3-41　数据签名索引

传统轨迹数据的描绘是取当前数据的最小外包矩形，这会浪费大量的无效空间进行数据存储，而无效的数据空间会严重影响数据的查询、检索。

针对轨迹数据可实现更加精确的数据签名索引，数据描绘效果见图 3-41 右侧，以极小的空间更加精确地描绘数据所在的空间，在利用数据签名策略的同时，也提升数据的查询和检索性能。

时空数据管理系统基于分布式技术框架，在产品资源框架上存在高可扩展性。同时，自研的高效数据压缩和索引策略保证了海量时空数据应用场景的高效性。TB、PB 级数据能实现秒级查询、分析响应，为更丰富的业务场景提供了技术基础。

时空数据管理自封装 JUSTQL 语法、各种开箱即用数据分析挖掘方法、门户管理系统以及在线 AI 编辑系统。例如，针对海量数据的聚类分析，通过如图 3-42 所示的简单 SQL 语句，即可在秒级耗时内输出分析结果，降低时空数据业务的应用门槛，使用户能以较小的学习成本快速将时空数据管理系统应用于复杂的时空数据业务场景中。

时空数据管理系统结构如图 3-43 所示。

① 数据层

最底层是数据库（JUST-DB）层，负责对各种数据（特别是时空数据）进行存储、索引、查询和管理。

时空数据模型：引擎结合时空数据的特性并针对不同的时空数据模型，构建了高效的时空数据存储策略和索引机制。将时空数据划分为 6 类时空数据模型，并创建了 9 种时空数据插件表及 3 种特定业务应用表。同时，数据存储层 JUST-DB 对入库数据体量进行压缩，大大节省了数据库服务器的开销。

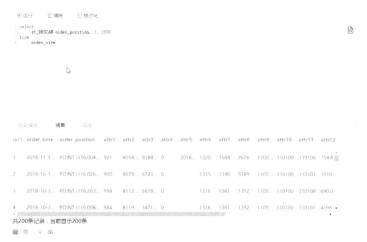

图3-42　SQL语句及分析结果

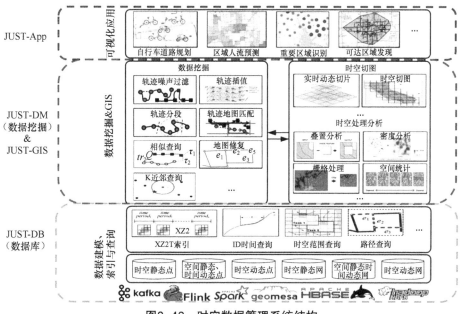

图3-43　时空数据管理系统结构

时空数据索引查询：引擎提供三大类数据索引，分别为空间索引、时序索引以及时空索引。借助三大索引类型，显著提升了海量数据的查询性能，在有限的机器资源下，使海量时空数据的查询、分析效率比同类时空大数据引擎提升了 100 倍以上，保证了 TB 级数据查询达到秒级响应效率。

生态扩展能力： 引擎采用 HBase、Kafka、Flink 等分布式数据库及技术组件，遵循 OGC 标准，可接入输出任意 OGC 标准规范的数据服务；同时，封装有标准 REST API、SDK 供业务系统调用。

② 数据管理和空间数据

中间层是数据挖掘（JUST-DM）和数据服务能力（JUST-GIS）层。

DM 层通过自封装，为各场景下的时空数据的分析与挖掘提供了极大的便利，涵盖轨迹去噪、轨迹插值等数据预处理算法，轨迹分段、最短路径规划等数据分析算法，点聚类、驻留点检测、可达区域查询等数据挖掘算法。

GIS 层通过自封装 GIS 引擎，可将 DB 层的海量数据管理能力转换为 GIS 服务提供给业务应用层，实现海量数据可视化；也可对接 DM 层，将 JUST 引擎的时空数据分析挖掘能力以服务形式产出，输出分析挖掘 REST 服务提供给业务应用层，方便、快捷地实现数据应用。

③ 时空数据应用

最顶层是应用（JUST-App）层，负责和业务对接，将 DB、DM、GIS 层串联起来，封装成各个领域各式各样所需的应用，一些具体应用案例如下。

地块指标： 整合数据资源，规范计算口径，搭建统一的指标系统，支持多种业务场景快速、灵活地获取和分析城市数据。其中，JUST 主要负责空间订单数据的存储和查询，能在 PB 级别数据中快速筛查一个空间范围内的数据，为用户提供良好的时空数据分析服务。

智能选址： 对来源于联通手机信令扩样的人口统计数据、城市路网数据和环境业态等数据进行整合，并借助多源数据融合、时空大数据聚合、跨域学习技术实现全面的客群和环境分析，进行多源信息交叉验证，为实体店经营者提供门店智能选址与优化服务。

物流地产： 从空间、时间出发，多维组合展示宏观经济、微观经济、产业分布、交通设施、地产布局、自然灾害、企业链条等数据，并基于交通、经济、地理特征、用户、企业、业态六大类指标构建完整的城市（网格）潜力评分模型，帮助决策者从宏观上掌握城市物产的发展潜力，辅助选址决策。同时，平台支持对模型权重进行自由调整，以适应行业特征。

IoT：IoT设备产出的数据都具有时空属性。以车联网为例，海量的车辆终端不断地产生轨迹数据，轨迹数据包含了时间和空间位置。利用JUST，可实时监测车辆的行驶轨迹是否偏航、是否进入某个限制区域等。除了实时监控，还可以进行实时时空查询，如查询某段时间的轨迹、某段时间进入该区域的车辆等。结合大数据分析框架（如Spark）还可以进行穿越分析、区域分布分析等。

城市防疫：在公共卫生安全领域，如何在疫情中利用多源数据进行人群的关联性分析是城市防疫的核心。JUST在这方面展示了良好的性能，能够在TB级别的数据中，根据已知的病例数据，推知相关联的易感人群，同时也能够对这些人群进行量化分析，为政府和其他公共卫生组织的疫情防控降低了大量的人工筛查成本。

3.3.6 数据治理

数据治理体系建立了统一的数据标准体系，基于该数据标准，具备数据仓库建设以及数据检查、数据处理能力，形成了以元数据为核心，涵盖数据统一标准、数据模型建设、数据质量管控、清洗转换快速处理的统一数据治理体系。

（1）丰富的数据标准沉淀

由于业务对象在信息系统中以数据的形式存在，相关管理活动均须以业务为基础，并以标准的形式规范业务对象在各信息系统中的统一定义和应用。统一的数据标准建立，便于系统数据融合、统一数据开放使用、确保监管合规性，还可以提升政企在业务协同共建方面的水平。

数据标准又分为仓库建设标准和数据标准两个分类：仓库建设标准涉及在建立数据模型时，数据仓库的命名建立、数据层级、数据划分主题域、数据元标准化等方面的约束；数据标准是针对数据规范规则、数据转换规则、数据字典等的数据类处理，可以应用在数据稽核模块、清洗转换模块中。

建立统一数据标准后，标准在业务建设过程中不断沉淀与优化，形成相应业务主题的标准体系能力。

（2）数据模型建立

传统的数据模型多由开发人员通过代码建立，缺乏标准化建立过程，命名和字段使用混乱，未按标准划分数据层与数据主题域，从而影响后期维护。数据治理子系统中的数据模型是对现实世界数据特征的抽象，用于描述一组数据的概念和定义。通过逻辑模型、物理模型、表实例管理建设，分步建立数据仓库，并通过集中监管仓库建设标准来规范其建立与使用。

（3）结合标准化建立数据稽核和清洗转换

数据稽核是对数据质量的把关，与统一标准相结合，可以对数据标准进行重复使用，提高用户自定义标准的灵活性和可扩展性，并减少重复开发的工作量。

清洗转换模块部分取代了数据开发能力，依据数据标准对清洗转换规则进行数据过滤，通用转换规则可应用各类数据转换处理。

数据治理体系的主要内容如下。

标准管理： 通过层级和主题域对数据进行分类管理，通过命名规范约束建设数据仓库时的表名称，通过数据元管理数据字段信息，通过建立数据规范、转换规范、数据字典对数据进行治理。

数据模型： 采用标准化建模流程，通过逻辑模型、物理模型、表实例来建立数据模型，并记录操作日志。

数据稽核： 通过稽核任务对数据进行质量检查，形成数据质量报告，同时支持对稽核运行实例的监控，以及稽核调试试运行功能。

清洗转换： 通过清洗转换任务对问题数据进行清洗转换处理，支持过滤脏数据，转换处理错误数据，并支持调试试运行，以及对清洗转换运行实例的监控。

3.3.7 数据开发

数据开发体系支持运用 SQL 等脚本，快速在线查询和处理数据仓库的数据，开放的 SQL 编辑器可以充分满足用户的数据处理需求，提升数据决策效率，并为任务调度数据开发组件提供脚本使用支持，帮助用户更好地专注于数据价值的挖掘与探索。

数据开发主要包括以下几方面。

（1）脚本开发：具备灵活的脚本编写和查询数据能力，为用户提供数据查询和数据服务，支持 Hive 和 MySQL 两种语法。

（2）实时计算：通过编写 Flink 脚本，对队列中的数据进行实时计算，随后将结果输出到目标端进行保存处理。

（3）UDF 函数：数据开发支持用户自定义函数管理，确保用户线下开发的函数能在平台上平稳运行。

（4）工作流调度：借助可视化的工作流进行任务编排，创建作业任务，可对任务进行挂起操作并实现定时运行。

3.3.8　数据资源建设

数据资源按照分层设计思路，根据功能及定位的差异划分不同的区域，实现对所有数据资源的统一规划、统一设计、统一存储、统一管理与统一服务。

1. 操作数据层

操作数据层主要存储经数据采集接口从数据源业务系统采集而来的原始数据，通过增量或全量加载的方式，对这些数据开展清洗转换、结构化处理等操作，同时对历史数据进行累积沉淀。该层支持对文件、消息和数据库的数据采集，对不同的数据源采用不同的数据采集方式，主要借助消息接口、数据库数据接口，将原始数据采集到数据中心。将分散的、异构数据源中的数据（如关系数据、非关系数据、数据文件、消息等）抽取出来并进行清洗、转换，最后加载到数据资源库的数据集群进行数据沉淀。

2. 公共维度模型层

公共维度模型层的数据在操作数据层的基础上进行标准化处理，通过数据关联、加工、指标汇总等操作，对数据进行融合打通。模型间松耦合设计，主要分为专题库、主题库和汇总库。

在公共维度模型层对数据进行加工处理和轻度汇总，以便封装有价值的数据。对于历史数据，会根据使用需求定期进行归档，保证生产库的处理速度和历史库的查询效率。

3. 应用层

应用层主要根据具体需求，对公共维度模型层计算完成的数据进一步进行组织和运算，并对数据进行封装，生成可以共享且能直接为应用或数据服务提供支撑的数据。

应用层数据面向应用，支撑多维度的数据分析和数据挖掘。根据管理和领导视角，形成智能搜索、分析研判、监测预警、行政问效等应用数据。

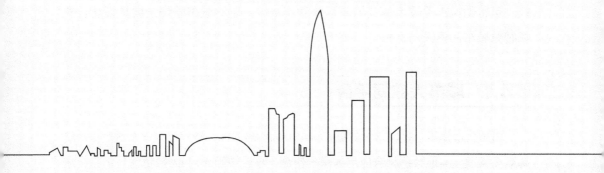

第 4 章

数字孪生城市支撑平台

数字孪生城市支撑平台的核心架构以云为基础,基于无处不在的智能终端,融合城市级海量异构数据,以 AI 为驱动,以融合网络为支撑,借助大数据、物联网、GIS 等多种信息通信技术,为城市运行监测和仿真预测预警应用提供孪生数据服务、孪生应用服务和孪生集成服务。数字孪生城市支撑平台是城市基础设施大数据汇集、融合、应用的载体,实现城市态势的可感、可知、可控,可帮助城市管理者提高城市运营管理水平,驱动城市管理走向精细化,支撑智慧城市的建设与运行。

4.1 城市大数据平台

城市大数据平台是城市大数据资源中心的实际载体,承担着汇聚全域数据、统筹数据管理、实现数据融合应用的重要使命。平台按照 $N+1+X$ 数据管理体系,统筹城市各方力量,推进综合能力体系、应用服务体系、数据资源体系、技术支撑体系、标准规范体系、安全保障体系、运营管理体系等建设。平台通过实时汇聚、融合、应用全量的城市数据资源,为城市各领域的应用系统提供数据及技术等支撑服务,为城市运营提供城市运行态势监控和城市综合分析决策服务,实现城市全要素数字化和孪生化、城市状态监控实时化和规范化、城市管理决策协同化和智能化、城市治理多元化和精细化。城市大数据平台参考架构如图 4-1 所示。

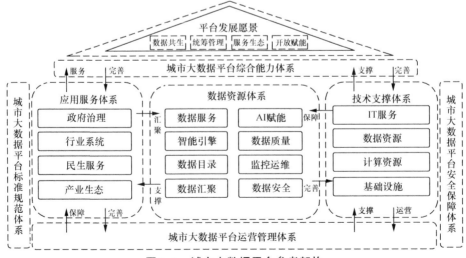

图4-1　城市大数据平台参考架构

1. 综合能力体系

（1）感知能力建设

通过接入、汇集政府、企业、运营商的海量多源数据资源，实时感知城市的运行状态，动态监测交通运行、生态环境、社会治安、医疗卫生等综合态势。

（2）治理能力建设

在对城市状态和态势认知的基础上，结合数据智能和专家智能，通过人工交互、迭代计算、多重验证等方式，提出城市治理优化方案。

2. 应用服务体系

依托城市大数据平台汇聚的全量数据、统一数据管理和技术服务赋能构建应用服务体系。重点围绕交通治理、城市管理、公共安全、生态环境、健康医疗、住房保障和社会信用等领域，强化跨行业、跨部门的智慧融合，促进业务的快速响应和政务的高效协同，提升政府的智慧治理能力，打造精准主动的公共服务体系，促进智慧创新。

3. 数据资源体系

依托城市大数据平台，汇聚城市数据资源。采集政府和公共事业单位的政务数据、城市运行过程中产生的各类数据以及互联网数据，这些数据体量大、维度多、更新快、结构复杂，大致可分为3类：以图像、语音和文本为代表的非结构化数据，以电子政务表格为代表的结构化数据，以地理信息和物联网数据为代表的时空数据（如交通流、人流、能耗、气象等）。建立统一规范、安全可控、充分共享的城市数据资源中心，实现城市数据资源跨区域、跨层级、跨部门、跨时间的互联互通、融合共享，为政府统筹规划和科学决策提供支撑。依托城市大数据平台，建设政府数据统一开放平台，实施公共机构数据开放策略，推进公共机构数据资源的统一汇聚和有序开放。

4. 技术支撑体系

（1）数据资源管理

建立城市数据资源管理技术体系，解决海量数据多源异构、纷繁复杂的管理难题。通过技术和机制的创新，提供标准接口，实现政府数据、城市公共服务数据、运营商数据、互联网数据等的统一归集、统一管理和共享开放，使数据资源得到更广泛的有效应用，实现数据资源的保值增值。同时，提供数据库服务，使政务系统数据库直接创建生长在大数据平台上，统一管理，并对外提供服务。

（2）支撑服务建设

提供服务中间件、数据服务及管理、应用服务、应用质量管理等，为大数据平台应用提供服务支撑。构建一套能够为政府、企业和个人提供公共计算、数据服务的城市运行基础设施体系。

5. 标准规范体系

涵盖了数据采集、存储、管理、分析、共享和隐私保护等多方面，旨在确保数据的高效利用、安全性和互操作性。制定统一的数据采集接口和协议，确保各类感知设备、传感器和数据源能够标准化、无障碍地将数据传输到平台。规定数据存储技术要求，确保数据能够高效地被检索和管理。建立数据分类、分级和标签体系，规范数据的生命周期管理和权限控制。制定数据分析和挖掘的技术标准，支持多维度、多层次数据深度分析。明确数据共享的权限、流程和安全机制，促进跨部门、跨行业的数据开放与共享。规定数据接口规范、数据交换标准，确保数据在不同系统之间的互操作性和兼容性。对数据的隐私及安全保护做出详细规定，确保敏感信息在采集、存储、处理和共享全过程中的安全。制定数据安全评估、威胁检测、应急响应和灾备体系，确保数据平台在面对网络攻击、数据泄露等威胁时具有足够的防护能力。遵循国家和地方性法规及政策要求，确保平台运营合规。通过这些标准和规范，城市大数据平台能够实现统一和高效运作，为城市管理、公共服务和产业生态提供坚实的技术支撑和规范保障。

6. 安全保障体系

从数据资源的归集、传输、处理、交换、共享、存储、运行、维护、访问、使用等方面全方位为数据提供安全保障。以"可管、可控、可信"为核心，依照"统一规划、分段建设、持续完善"的原则，建立先进、实用、稳定、可靠的城市大数据平台安全保障体系。

（1）安全技术保障体系

根据城市大数据平台的安全需求和架构特点，安全技术保障体系由数据安全保护、数据资源高可用性、数据业务连续性、集中安全运维、数据中心基础安全5个部分组成：数据安全保护包括建设统一授信监管中心和数据安全监控平台、进行数据加密和数据传输安全防护等；数据资源高可用性包括建设数据高可用性监控系统、虚拟化安全防护体系，综合考虑负载均衡、冗余设计、集群多活；数据业务连续性包括数据备份、异地容灾；集中安全运维包括建设集中运维监控管理系统、集中日志审计系统；数据中心基础安全包括防火墙、入侵防御、网络准入控制、主机安全防护、物理安全等。

（2）信息安全管理保障体系

信息安全管理保障体系建设的主要工作包括：建立完善信息安全管理组织机构；对现有安全措施进行梳理与分析；设计规划契合大数据平台安全目标的信息安全管理保障体系；建立健全安全策略方针、安全规范标准、安全管理制度和流程，以及申请、审批、记录表单等全面的安全管理制度体系；定期对信息安全管理工作进行自查、内审、外审或风险评估，不断提高安全管理水平，确保业务稳定运行和运维安全。

4.2　城市物联网平台

城市物联网平台是数字城市运行的基石，是智慧城市建设的基础性支撑平台。该平台以全域物联感知接入为基础，以资产统筹建设运维服务为核心，以开放共享应用赋能为理念，围绕终端设备的统一接入和全生命周期管理，标准化物联数据的采集融合，构建物联网统一开放服务体系，支撑各类智能应用的建设，实现物联服务能力的即插即用。

物联网平台通过"统一设备标识、统一设备接入、统一物联数据标准、统一资源共享"，构建城市物联资源一张图，实现物联设备的全域感知、统筹管理与维护，确保物联数据实时汇聚共享，满足各类物联终端设备接入和管理、物联数据标准化、物联数据及能力开放的要求，建立设备及系统运行维护和安全保障体系，确保设备稳定、健康、安全运行，有效支撑智慧城市建设。

通过统筹建设物联网平台，能够较好地解决物联网设备数据从分散到集中、从无序到有序、从信息资源低层次重复开发到高水平整合与共建共享等诸多问题，实现对现有物联网应用数据的充分整合，真正打破信息孤岛，实现跨行业、跨部门、跨区域的全局物联网设备的联动与数据的分析，以数据驱动应用，让城市真正"智慧"起来。

城市物联网平台总体架构如图 4-2 所示。

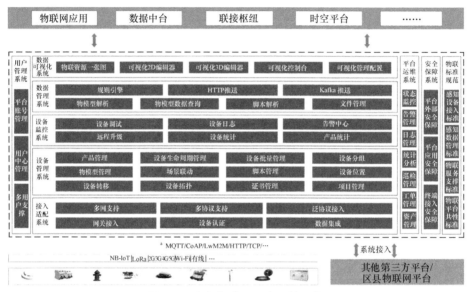

图4-2　城市物联网平台总体架构

城市物联网平台基础功能框架包括"一套标准、六大系统、两套体系"，在此基础上进行城市各重点行业的终端接入及系统对接工作，并支撑行业应用的建设。

1. 一套标准

制定一套"接入、数据、共享"三位一体的标准规范，包括感知设备接入标准、感知数据管理标准、物联服务支撑标准、物联平台共性标准，确保平台的统一性和开放性。

2. 六大系统

构建接入适配系统、设备管理系统、设备监控系统、数据管理系统、数据可视化系统、用户管理系统六大系统，分别实现多制式、多协议物联终端的适配接入，设备统一接入及协同管理，设备的运维监控，海量物联数据统一管理，物联资源的可视化呈现以及系统用户的管理。

（1）接入适配系统：实现多制式、多协议物联终端的适配，通过适配各种通信协议，实现海量异构物联网终端的接入。协议适配负责对多种主流物联网协议的适配，同时，平台支持内置协议、协议模型、协议插件等多种适配方式，并提供 SDK 接口，以适应不同条件的设备接入。

（2）设备管理系统：实现物联网设备的接入管理和协同管理，包括设备连接、设备解析、设备交互等从静态信息到动态连接的管理，建立终端设备与平台之间的双向数据传输链路，为感知设备的统一管控提供基础。

（3）设备监控系统：为接入平台的各类感知设备提供运维监控、系统日志分析、服务状态监控等运维监控功能。

（4）数据管理系统：作为物联感知体系的数据管理核心模块，提供物联感知数据的采集、清洗、建模、存储与分发功能，实现物联感知数据的统一管理与开放。

（5）数据可视化系统：将各行业的物联感知设备及资源通过可视化大屏一张图呈现；一站式、免代码、拖曳式的大屏开发，可帮助用户灵活地完成专业水准的物联网可视化应用搭建。

（6）用户管理系统：提供平台用户管理功能，包括平台账号管理、用户管理、多用户支撑、数据统计分析等功能。

3. 两套体系

建立完善的运维保障体系、安全保障体系，确保设备和系统稳定、健康、安全运行。

（1）运维保障体系：通过搭建物联设备、运维中心、运维人员之间的桥梁，实时监控接入平台的设备资源、网络资源以及服务进程的运行情况，对告警、事件、配置等运维服务进行集中处理，实现平台信息资产可知、运行状态可视、服务流程可管、运维操作可控，从而支撑平台稳定运行。运维保障功能主要包括状态监控、巡检管理、告警管理、工单管理、日志管理、资产管理、统计分析等。

（2）安全保障体系：完成平台外部安全保障、平台应用安全保障、终端接入安全保障机制的建设，从系统层面保障终端接入和平台应用安全，同时从终端接入安全、传输安全、网络安全、数据安全及应用安全 5 个维度出发，提供身份鉴别、访问控制、安全审计、入侵防范、数据完整性、数据保密性、剩余信息保护、个人信息保护等多种安全策略。

4.3　城市仿真推演平台

城市仿真推演平台通过感知终端、传输网络、平台设施、数字应用等能力，结合云网融合、边缘计算、资源调度、数据分析挖掘、混合现实等技术，利用各种数据源（如地图、人口、交通、气象等）和仿真模型（如交通模型、人口模型、经济模型等），将城市中的各种元素以可视化的方式呈现，便于决策者对城市发展进行模拟、预测和优化。

4.3.1　总体框架

城市仿真推演平台总体框架是仿真推演系统的基础结构，描述了数字基础设施、数据资源体系、仿真推演引擎、人机交互控制、安全运维体系、仿真推演应用等组成要素彼此之间的关联关系，通过提供必要的功能、组件和模块，支持仿真推演系统协同运行，确保系统的稳定性、可扩展性和安全性。平台总体框架包括感知层、传输层、平台设施层、数据引擎、人机交互及仿真推演应用，如图4-3所示。

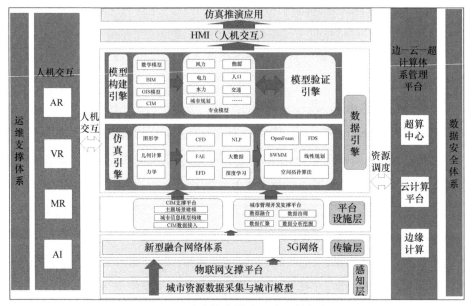

图4-3　城市仿真推演平台总体框架

（1）感知层

感知层由物联网支撑平台、城市资源数据采集与城市模型组成，主要提供 IoT 和数据采集融合及快速建模能力。

（2）传输层

传输层由新型融合网络体系与 5G 网络构成。结合边—云—超计算体系管理平台，提供计算、存储和连接的算力服务。

（3）平台设施层

平台设施层由 CIM 支撑平台与城市管理开发支撑平台构成，主要提供 CIM 数据接入和城市信息模型构建、多源异构数据存取、数据汇聚和融合、数据治理和数据分析挖掘服务。

（4）数据引擎

数据引擎由仿真引擎、模型构建引擎及模型验证引擎组成。结合图形学、几何计算、力学等基础科学理论和 CFD、FAE、EFD、NLP、大数据和深度学习等技术，以及已有软件产品和算法，开发求解器作为仿真引擎，构建数据驱动模型和物理驱动模型，支持仿真推演模型应用验证。

（5）人机交互

人机交互由 AR、VR、MR 及 AI 等人机交互技术构成，主要提供仿真推演结果与三维模型的叠加、渲染可视、仿真推演功能集、自主编排任务、可编辑界面，数字沙盘交互与结果融合呈现，支持 VR、AR、交互体感设备等实现仿真推演人机交互操作。

（6）仿真推演应用

采用构建的仿真推演模型，支撑城市空间规划仿真、能源仿真、交通仿真等典型领域的仿真推演应用。

4.3.2　技术框架

仿真推演平台技术框架以技术视图描述了仿真推演组件关系和层次结构，以云网融合、物联感知、大数据、深度学习等技术为基础，以仿真推演引擎为内核，以接口服务实现交互协同，为仿真推演提供技术依据。平台技术框架包括 UI 层、接口层、CAE 模型、仿真引擎、应用服务层、存储层、云服务器层、物联网层等，如图 4-4 所示。

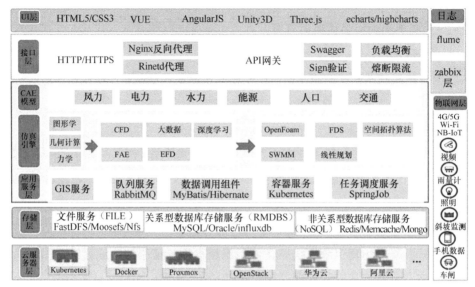

图4-4　仿真推演平台技术框架

（1）UI 层

采用 HTML5/CSS3、VUE、AngularJS、Unity3D、Three.js、echarts/highcharts 技术，进行前端数据的加载及渲染。

（2）接口层

采用 Nginx 反向代理、Rinetd 代理、Swagger 等进行负载均衡、熔断限流、鉴权操作，所有服务发布至此网关层。

（3）CAE 模型

基于仿真推演引擎搭建水力、能源、交通等领域的 CAE 模型。

（4）仿真引擎

以图形学、几何计算、力学等基础科学为基础，运用 CFD、FAE、EFD、深度学习、大数据等技术，利用已有软件产品（OpenFoam、SWMM）和算法，开发特定领域的求解器作为仿真引擎。

（5）应用服务层

应用服务层包含仿真算法、应用组件及服务，其中仿真应用组件及服务采用以下技术：队列服务 RabbitMQ、任务调度服务 SpringJob、数据调用组件

MyBatis/Hibernate、GIS 服务、容器服务 Kubernetes。

（6）存储层

存储层包括文件服务、关系型数据库存储服务、非关系型数据库存储服务。文件服务采用 FastDFS、Moosefs、Nfs 等技术；关系型数据库存储服务采用 MySQL、Oracle、influxdb 等技术；非关系型数据库存储服务采用 Redis、Mongo、Memcache 等技术。

（7）云服务器层

采用 Kubernetes、Docker、Proxmox、OpenStack 或华为云、阿里云等技术。

（8）物联网层

基于 Ethernet、Wi-Fi、RFID、NFC、ZigBee、NB-IoT、4G/5G 等网络，以及 AMQP、JMS、REST/HTTP、MQTT 协议进行物联设备对接。

4.3.3　功能框架

仿真推演平台功能框架依据功能模块化原则，将仿真推演系统划分为若干个独立且相互关联的模块，包括数据管理、分析建模、仿真预测、服务管理、系统管理、安全管理、接口等，如图 4-5 所示。平台以仿真云环境、高性能计算、数字基础设施等为支撑，保证系统运行流畅度与稳定性，与其他数据资源平台保持互联互通和交互协作，为城市空间规划、生活便利性评估、城市交通体征推演、城市能源负荷预测等应用提供仿真推演服务。

（1）数据管理

为分析建模、仿真预测、服务管理等所需的通用数据操作提供数据输入输出、编辑处理、查询统计、数据存储、数据可视化、数据共享交换、历史数据管理、元数据管理等能力。

（2）分析建模

提供分析量测、基础场景构建、数据模型构建等能力。

（3）仿真预测

提供推演任务管理、计算模型管理、参数条件设定、推演结果验证等能力。

（4）服务管理

提供成果输出、辅助决策、交互服务等能力。

（5）系统管理

提供用户管理、权限管理、运维管理等能力。

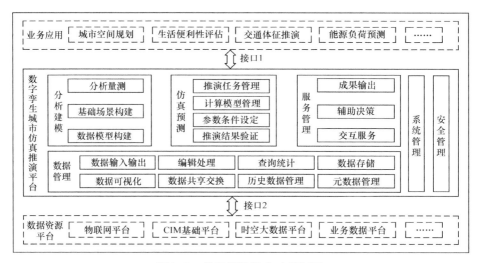

图4-5　仿真推演平台功能框架

（6）安全管理

提供物理安全、运行安全、数据安全等能力。

（7）接口

提供平台与城市空间规划、生活便利性评估、交通体征推演、能源负荷预测等应用的接口（接口1），以及系统与物联网平台、CIM基础平台、时空大数据平台、业务数据平台等数据资源平台的接口（接口2）。

4.3.4　集成方法

1. 仿真推演工具集成方式

仿真推演工具集成方式包括 SDK 集成和 RESTful API 集成两种。

（1）SDK 集成

仿真推演平台提供适配器，通过满足第三方仿真工具接口协议或要求来适配 Jar 或 Dll 文件，以服务的形式集成第三方仿真能力，如图 4-6 所示。

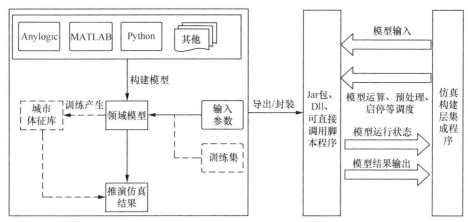

图4-6　仿真推演工具SDK集成

① 对于 Anylogic、MATLAB 等商业软件应用，需要对其进行定制开发，并将定制内容导出 Jar 包供应用程序调用。

② 对于 Python 代码级应用，直接调用其程序接口，根据需要对源代码进行封装。

（2）RESTful API 集成

针对第三方仿真软件提供的相关 RESTful API，可通过整合 RESTful API 的方式将仿真能力集成到仿真推演平台。根据基础 API 及其相关说明，仿真推演平台接口管理层对 API 进行整合、统一管理和对外发布，如图 4-7 所示。

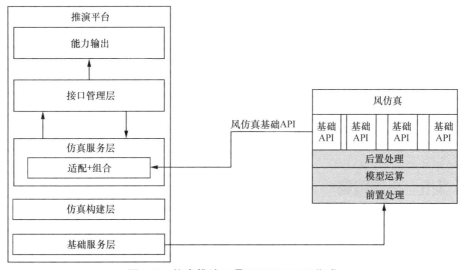

图4-7　仿真推演工具RESTful API集成

2. 仿真场景化算法库调用

仿真推演平台以 Java 语言对仿真场景化算法进行封装，并以服务的形式进行发布。依据算法形式的不同，封装的方式也有所差异，针对科学计算、统计分析、空间算法等特定领域，需将场景化算法单独封装成 Jar 包；针对采用其他编程语言已经实现的算法，可用 Java 语言再封装，便于其他程序调用。

3. 仿真数据文件管理方式

仿真数据文件包括仿真模型文件和仿真基础环境数据：仿真模型文件包括 STL 模型文件、仿真特征库文件、仿真过程文件、仿真结果文件等；仿真基础环境数据包括地形模型文件、影像模型文件、建筑楼宇文件、路网模型文件、管网模型文件、河流模型文件、城市部件模型文件、矢量文件等，如图 4-8 所示。仿真推演平台采用文件导入 / 导出、版本管理等方式，实现仿真模型文件查看、编辑和仿真基础环境数据管理，并支持过程文件和结果文件的格式解析、内容解析。

图4-8　仿真数据文件

4.3.5　基础服务

1. 场景构建服务

依托城市信息模型管理构建能力，仿真推演平台为空间数据、城市信息模型等相关场景数据服务提供适配器。仿真应用通过适配器获取场景数据，既能满足仿真应用的个性化需求，又能保证数据来源的一致性。

结合数据精度、有效性、覆盖范围等信息，实现基础场景构建，支持空间对象模型快速构建，包括地形模型、建筑要素模型、交通要素模型、水系要素模型、植被要素模型、场地模型、管线及地下空间设施模型、城市部件模型等。

2. 镜像和容器服务

仿真推演平台提供镜像和容器服务，使用 Docker 镜像对交通仿真、能源仿真等仿真求解器进行封装，基于 Kubernetes 动态编排容器，实现对容器的 CPU、内存、存储等配置的动态调整。通过调度服务，实现横向扩展和动态扩展，以满足仿真应用计算资源扩展的需求。

Docker 镜像和微服务容器如图 4-9 所示。

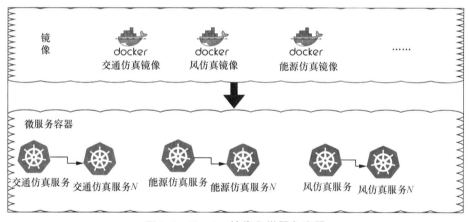

图4-9　Docker镜像和微服务容器

3. 基础数据处理服务

仿真推演平台提供基础数据处理服务，对数据进行整合适配，以标准化服务形式支撑仿真应用。提供数据格式转换服务，将数据转化成仿真应用程序需要的格式，如 XML、JSON、Tensor、shp、geojson 等；提供数据坐标系统转换服务，如将 WGS84 坐标系转换成国家大地坐标系 CGCS2000；提供多源数据的关联和融合，如物联感知数据与空间模型数据的关联；提供数据抽取服务，采用随机抽取数据的方式高效抽取特定数量、批次的样本数据。

4.4　城市产业生态服务平台

城市产业生态服务平台是专为智慧城市产业链中所有企业和研发机构设计的系统，致力于提供安全、准确以及多角度的生态资源信息，推动智慧城市产业生态资源的可信共享与交换。平台通过场景服务模块将应用场景以项目化、指标化、清单化的形式呈现，向社会集中定期发布供需信息，以获得可直接应用的解决方案。同时，收集场景验证需求，打造一个隔离的环境，设计好场景，将新技术、新方案等融入其中，并模拟和测试该技术给场景带来的应用成效。全面推动智慧城市产业生态资源的流动，有效加速潜力企业成长，培育领先的城市场景方案，打造榜样进行全国推广。

4.4.1　企业服务

企业服务主要提供动态资讯、创新资源池、创新主体画像和机构入驻 4 项功能。

动态资讯：汇集与智慧城市产业相关的资讯信息，通过机器筛选与人工处理相结合的方式，不定期发布行业前沿、国家政策、热点新闻、城市动态和联盟动态等多角度的咨讯信息。

创新资源池：将创新资源分为企业、机构、成果、智库四大类，每个大类包含多个维度、多个层级的筛选。用户可以通过各个维度的筛选快速定位目标资源，也可以通过关键词在各个大类中进行精确或模糊查询找到目标资源。

创新主体画像：借助知识图谱技术，汇总多源数据，整合成一个主体画像，该画像主要包括主体基础信息、工商信息、司法信息、行政处罚信息、经营信息、知识产权情况等内容。

机构入驻：用户访问本平台后可以通过上传营业执照、组织机构代码证等方式进行审核，审核通过后建立与机构的关联，从而实现机构入驻。机构入驻后才能进一步使用产业服务、场景服务等功能。如果资源库中没有用户所属企业，用户也可以自行填表新增机构，待后台审核通过后即可在前台展示。机构入驻后，不仅可以参与各项活动并发布成果，还可以编辑机构详情页，让其他用户能直观了解该用户的活跃程度，提高合作意愿。

4.4.2　产业服务

产业服务主要提供产业图谱、产业需求、产业成果和活动信息 4 项功能。

产业图谱： 产业图谱由产业领域和产业领域中的各类主体组成，此功能依据产业领域的差别，梳理各类主体在其中的位置，使用户可以通过产业地图、产业链、产业链机构清单快速找到目标机构。

产业需求： 入驻机构可以发布产业需求，从合作方式、需求分类、所处阶段、产业领域等多个维度描述自己的需求，有能力的机构或专家可以根据相关信息主动联系入驻机构，开展线上线下合作。

产业成果： 展示与智慧城市产业生态相关的多项科技成果，如研究报告、期刊论文、发明专利、解决方案、应用案例、标准、产品、参赛作品等。入驻机构可以发布产业需求，也可给其他成果的所属机构留言，开展线上线下合作。

活动信息： 汇集与智慧城市产业相关的各类活动信息，并分为会、展、赛、评四大类。入驻机构可以发布活动，部分活动还提供在线报名等功能。

4.4.3　场景服务

场景服务提供场景清单、场景验证和场景建议 3 项功能。

场景清单： 企业或机构在场景清单或场景详情中点击"参与"，申请参与场景建设，填写技术能力表后提交，即发起参与场景建设的申请。系统后台会有专业的团队审核各个场景申请，再根据实际情况与企业对接洽谈、签约落地，直至完成场景建设。

场景验证： 若企业在场景清单中没有找到合适的场景，但有技术、有想法，且未经过场景验证，可以提出场景验证申请（提出新的场景建设建议的技术方案均须经过场景验证）。申请场景验证需要填写场景说明书、技术能力表、验证申请表 3 个表单。

场景建议： 若企业在场景清单中没有找到合适的场景，但有经过场景验证的技术方案，此时可以提出场景建设建议（提出新的场景建设建议的技术方案均须经过场景验证）。提出场景建设建议需要填写场景说明书和技术能力表两个表单，这两个表单与场景验证的同名表单相同。

4.4.4 区域服务

区域服务提供定制化场景共建服务和区域生态服务平台系统建设服务。

定制化场景共建服务：由相关区域提供数据，在平台中搭建一套定制化场景展示页面和当地场景清单，运营人员与当地负责场景建设的相关人员建立沟通渠道，为当地场景建设提供场景验证、场景建议等共建服务。

区域生态服务平台系统建设服务：以本平台为基础，为相关区域建设类似的专题产业服务平台提供全套服务，促进区域产业发展。

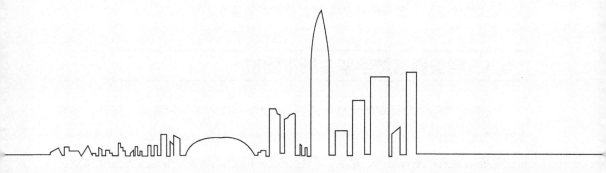

第 5 章

数字孪生城市典型应用

地方政府在建设数字孪生城市的过程中，需要加强数字化顶层设计和提升政府人员数字化运营的能力。数字孪生城市是智慧城市的进阶阶段，其核心在于借助 5G、物联网、人工智能、大数据等技术手段重新塑造城市，将城市的基础设施（如水、电、气、交通及其运行状态）和各种资源（包括医疗、消防、警务、教育等）采集到数字孪生体中，支撑城市级的数据闭环赋能，实现城市级全面透彻的感知、宽带泛在的互联以及智能融合的应用。

5.1 雄安新区数字孪生城市建设

《国务院关于河北雄安新区总体规划（2018—2035 年）的批复》提到，"创建数字智能之城。要坚持数字城市与现实城市同步规划、同步建设，适度超前布局智能基础设施，建设宽带、融合、安全、泛在的通信网络和智能多源感知体系，打造智能城市信息管理中枢""打造具有深度学习能力、全球领先的数字城市"，这为雄安新区的建设确定了发展总纲和路线图。《中华人民共和国国民经济和社会发展第十四个五年规划和 2035 年远景目标纲要》中又重点提及了"高标准高质量建设雄安新区"和"加快数字化发展 建设数字中国"，再次明确了雄安新区数字孪生城市的发展定位。

雄安新"画卷"，规划是"起笔"。2019 年 9 月，雄安新区智能城市创新联合会成立。该联合会以构筑智能城市创新共同体为使命，致力于雄安新区发展规划的理论、标准、解决方案等公共性问题研究，在上下游产业之间建立有效运行的产学研合作新机制，积极推动中国智慧城市的健康可持续发展，输出雄安标准和雄安质量。

雄安新"模板"，领航是"使命"。2019 年 12 月，中国雄安集团数字城市科技有限公司牵头成功申报了科技部重点研发计划项目"国家新区数字孪生系统与融合网络计算体系建设"。项目组结合雄安新区技术基础和发展规划，构建了数字孪生城市的逻辑框架和技术框架，通过构建现实城市与数字城市相互映射、协同交互的复杂系统，将城市管理系统的"隐秩序"显性化，实现了基础设施协同、城市规划协同、城市治理协同、便民服务协同，从而可以更好地尊重和顺应城市发展的自组织规律。雄安新区城市建设并非智慧城市的 $N.0$ 版本，而是数字孪生时代城市 1.0 版实践的全新探索，是雄安新区探索面向未来的城市发展新模式的重要创新。

雄安新区始终坚持数字城市与实体城市同步规划、同步建设的方针，建立高度集成的数据闭环赋能体系，形成了基于数据融合、技术融合和业务融合的数字孪生技术体系，创造性地以新一代信息技术为基础，让物理世界和数字世界并行共生、精准映射。雄安新区数字孪生体系依据雄安新区数字孪生安全体系和数字孪生建设保障体系的建设要求，按照承担的功能任务，具体分为城市智能基础设施、数字孪生云网融合体系、数字孪生基底系统、数字孪生仿真推演系统、数字孪生应用体系和数字孪生创新生态体系，如图 5-1 所示。整个体系将全域、全行业数据加进数字模型，进而实现雄安新区全景可视化和动态联动管理，打造一座虚实互动、孪生共长的数字智能之城，开辟新兴智慧城市的建设和治理新模式。

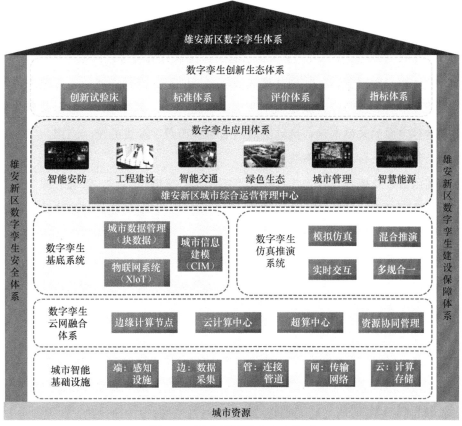

图5-1　雄安新区数字孪生体系

1. 城市智能基础设施

城市智能基础设施包括"端—边—管—网—云"5个方面，结合物联网、边缘计算等技术，要求端侧接入智慧城市的各类物联感知设施，实现物联设备的统一接入和管理；边侧进行数据汇聚、计算及边缘决策；管侧实现城市物联感知设施至云端的数据传输通道网络化连接；网侧实现融合泛在互联，支撑低时延、高可靠的传输能力以及数据本地化分流能力；云侧支持云网协同、云边协同、云云协同计算能力，按需提供存储和计算环境。

2. 数字孪生云网融合体系

数字孪生云网融合体系是物理现实世界与虚拟孪生体之间的载体，实现物理网络实体与虚拟孪生体两者间的实时交互映射，一方面在接入层赋予其多种网络、多种制式以及多种功能的融合，另一方面实现承载和调度的融合。

3. 数字孪生基底系统

将物联网、大数据、AI、城市信息建模等技术有机融合，构建数据采集、数据生产计算、数据管理、数据共享建模等全域时空数据管理体系，可敏锐察觉城市管理中的关键节点，满足数字孪生在敏捷连接、实时呈现、数据共享、虚实融合等方面的关键需求，推动实现对智慧城市数字孪生的统一支撑。

4. 数字孪生仿真推演系统

利用数字化模拟仿真、虚拟化交互等技术，使城市运行、管理、服务由实入虚，并可在虚拟空间进行仿真建模、现象演化、智能操控、智能决策等，以虚拟服务现实，提供智能化决策建议。

5. 数字孪生应用体系

在数字孪生城市规划设计的基础上，结合实际场景需求，开展实体城市建设，实现虚实协作。

6. 数字孪生创新生态体系

构建可持续创新的智慧产业生态体系是建设数字孪生城市的必要条件，需要对智慧城市创新生态体系演进机理开展理论研究，形成智慧城市促进智慧产业发展的框架体系。

5.2　智慧能源领域的数字孪生应用

2021 年，依据雄安新区数字孪生城市的建设要求及"智慧雄安"的建设标准，数字城市公司基于新区物联网统一开放平台，打造城市级多表集抄系统，为能源运营单位提供智能表具接入、抄表、计费、收费、清分等功能，该系统是首个基于新区物联网统一开放平台的实际应用。多表集抄系统既能降低燃气、热力、自来水运营企业的抄表成本，又能为居民提供集成化、便捷化的缴费、查询平台，同时实现了综合能源数据的汇聚，可为政府监管部门提供数据支撑，如图 5-2 所示。

在建设过程中，统筹考虑雄安新区容东片区水、气、热等各业态的具体需求，提炼共性需求，进行统一规划设计。同时，明确各业态的差异化、个性化需求，既注意保持具有不同行业属性的水、气、热在运营、管理上的独立性，又实现数据的集中授权。以雄安新区物联网统一开放平台为基础技术架构实现多表的数据汇聚，汇聚了容东片区安置房多表集抄项目中的水、气、热感知设备数据，实现了数据解析、数据存储、数据处理和转换，为上层的水、气、热运营平台提供了数据服务和标准的 API 对接服务，同时为大数据平台提供了终端表计数据，实现了水、气、热能源数据汇聚，支撑智慧能源数据深入挖掘，围绕智慧城市管理搭建业务模型，为居民生活、企业运营、城市管理提供数据分析服务。

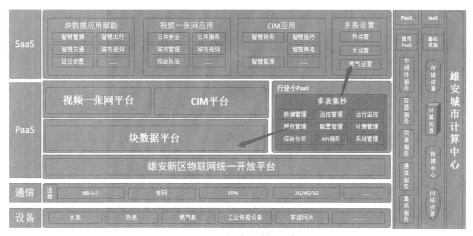

图5-2　多表集抄系统

随着雄安新区的发展，多表集抄系统还将陆续在雄安新区全域进行推广应用，预计将接入 300 万用户和超过千万台智能设备，涵盖水、热、气、卫生、环境等民生领域。通过云计算、大数据、物联网、移动应用、AI、区块链等技术的综合运用，开创新时代高标准、高质量建设雄安新区的新局面。

5.3 智能交通领域的数字孪生应用

依托数字孪生体系，利用数据采集与汇聚、数据整合与处理、数据共享与交换、数据挖掘与分析、图像识别算法、数据管理与治理等数据服务能力，以全息感知、研判分析、精细化管理为数据支撑，引导和推动交通管理向智能化、现代化、精细化方向发展。

城市智能交通管理依托城市大脑的仿真推演预测能力，利用计算机对城市道路交通系统的结构、功能以及交通参与者的行为特征和选择过程进行较为真实的模拟仿真，采用计算机数字和图像模型再现复杂的道路交通现象，揭示交通流状态变量随时间与空间变化的分布规律及其与交通控制变量之间的关系，使其成为城市交通参数分析和交通控制优化的有效手段，服务于城市交通规划、交通设施建设、交通事故预防、交通影响评价、交通管理与控制等方面的具体实践。数字孪生在智能交通中的应用如图 5-3 所示。

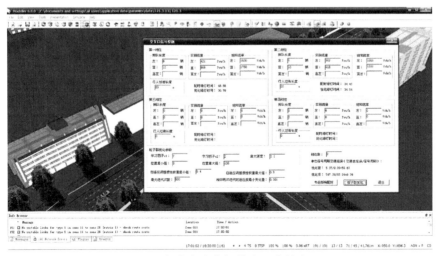

图5-3　数字孪生在智能交通中的应用

通过部署在路口的车辆检测器在红灯末段、绿灯中段和绿灯末段分别采集区域内的车辆存在性数据、过车数据和排队长度，分析计算流量、平均车速、车头时距，得到车辆的到达/消散规律、排队的形成/消散规律，并根据路口各通行方向的实际交通需求，优化信号控制策略，实现交通信号的智能化、精细化控制。

5.4　绿色生态领域的数字孪生应用

以雄安新区郊野公园为例，以物联网监测、园林数据采集、CIM建设及智能化终端建设为基础，以园区数字孪生化为核心，以各业务应用信息系统建设为纽带，整合园区资源，通过智能分析、反馈控制打造园区数字化运营管理中心，实现园区数字世界的信息共享及智能分析，使园区在资源保护、规划建设、旅游服务、规范管理等领域的智慧化信息资源得到有效的整合，实现园区管理的智能高效及游客体验的极大提升，为健全园区资源保护与产业发展的良性互动提供智慧化基础。本应用充分利用数字孪生技术，构建郊野公园的数字孪生体，感知园区全域要素，通过大数据分析实现场景化应用，打造"园区超脑"，实现园区的精细化运营。

（1）采用数字孪生技术构建数字世界的雄安新区郊野公园

通过建模技术，让景区内的所有建筑、设施、地形地貌、环境效果成为数字世界的虚拟映像，构建了一座数字世界里的"孪生"雄安新区郊野公园。与此同时，"园区超脑"还可以在大屏上对景区设备进行直接控制，实现了"感知—控制—反馈"的闭环模式。

（2）感知园区全域的"人、事、物"信息，使园区管理更精细

目前"园区超脑"已将能源管理、广播管理、生态监测、游客服务等12个子系统全部打通，设计了100多种不同维度的指标，使园区30余类实时大数据"直通互达"，可全天候24小时展示园区运行情况，进而实现对园区运行情况的感知和把控。

（3）基于大数据的场景化应用，使景区管理更智慧

基于AI技术构建数据分析模型，"园区超脑"共有一张总览屏和7张主题

屏，能实时还原园区的运行现状，并叠加展示游客热力、驻留时长、未来预测、区域告警等内容，方便园区的运营管理人员第一时间了解园区的各项指标。

（4）统筹生态核心要素，打造智能生态屏障

统筹生态核心要素，"园区超脑"建立了一套点、线、面结合且成熟稳定的智能管理体系，实现对植物、水系源头、土壤等的动态监测和生态防护，全面提升雄安新区"千年秀林"的建设管理水平，保障生态雄安的长期发展。

5.5 工程建设领域的数字孪生应用

工程建设领域的数字孪生应用以新区智慧建设管理系统为基础，利用大数据、物联网、AI等先进技术，结合工地现场的视频信息、人员、设备、环境、工程进度及其他工程建设相关数据，实现对工地的工程建设状态全面感知，将工程建设过程动态映射进虚拟世界。

基于数字孪生城市技术体系，融合城市信息建模技术、城市物联网技术、仿真推演引擎、MR交互技术等，结合数字雄安建设管理平台项目开展应用示范设计。

数字孪生在智慧工地中的应用如图5-4所示。

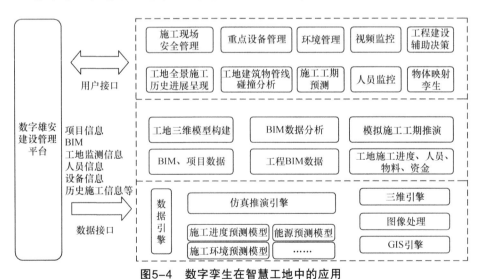

图5-4 数字孪生在智慧工地中的应用

智慧工地应用示范系统数据引擎实现与数字雄安建设管理平台的数据交

换，包括项目信息、BIM、工地监测信息、人员信息、设备信息、历史施工信息等。仿真推演引擎集成城市多维时空仿真推演算法模型，为施工工期预测、工程建设辅助决策提供支撑。工地三维模型构建、BIM 数据分析、模拟施工工期推演功能实现模型与数据的融合，为工程孪生展示业务场景的实现提供支撑。

依托数字孪生体系，将雄安新区的全部建设工程空间信息、影像信息等关联在一张空间地图上进行综合展示。工程综合监控系统是以大屏展示的方式，基于 GIS 等技术对工程全过程进行综合监管呈现，系统展示的内容主要包括：雄安新区建设项目工程宏观展示，以及具体工程项目的工程信息、工地信息、人员情况、工程进度情况、工程建设辅助决策、工地现场监控信息和工程建设仿真推演等。

（1）工程信息

将雄安新区的全部工程信息以图表结合的形式统一展示，反映工程总体情况、分布情况、工程分类、工地信息等，同时对新区的整体工程情况进行统计分析。

（2）工地信息

工地信息包含隶属工程的基本信息、立项信息、建筑规模、开竣工日期、一会三函信息、工地现场监控信息，以及建设单位名称及项目负责人、勘察单位名称及项目负责人、设计单位名称及项目负责人、施工单位名称及项目经理、监理单位名称及项目总监理师等，实现的功能模块包括平台与工地端云视频会议、项目负责人联系方式、短信通知、领导指令下达等。

（3）人员情况

人员情况包含项目管理人员名单、劳务人员名单、岗位分类、工种分类、联系方式、现场管理人员类型统计等。

（4）工程进度情况

工程进度情况包含该工程项目的审批手续进度（一会三函）和工程进度百分比、施工现场每日一图。

（5）工程建设辅助决策

系统提供风险预警功能，可根据业务监管指标、业务规则，建立监管模型，进行预警提醒，全面分析企业、人员市场行为，工程项目施工现场行为以及诚信信息，对企业、人员的资质、资格和工程项目进行动态监管。基于融合后的业务数据，提供可按需定制、灵活、即时、多维度的数据统计、分析、预警等功能。对业务协同的数据进行资源共享；制式报表与自定义灵活分析相结合，满足多样化应用分析需求；一键生成统计分析报表，方便业务人员准确分析数据，提升工作效率。

（6）工地现场监控信息

工地现场监控信息包括设备监控信息、环境监控信息、视频监控信息、建筑材料监控信息。

① 设备监控信息包含起重机监控、升降机监控、基坑监控、高支模监控等信息。

② 环境监控信息包含 PM2.5、PM10、噪声等监控信息。

③ 视频监控信息涵盖制高点、作业面、人员进出口、车辆进出口、物料堆放区、危大工程关键部位/办公区6类重点视频点位。现场视频监控模块主要实现对工地视频情况、关键点位视频状态的监控，以及现场视频实时查看、远程控制等。

④ 建筑材料监控信息包含项目收工过程中建材进场、建材类型、建材数量、进场时间、建材使用情况等相关信息。

（7）工程建设仿真推演

基于城市多维时空仿真推演模型能力，对周边的基础设施进行合理的评估，辅助工程建设推进。通过 MR 仿真推演技术，工程人员可以查看数字孪生建筑三维模型并与之互动，直观感受建筑性能，模拟建筑设计、工程施工的各种虚拟模型场景，获得工地实景体验，在讨论设计方案、施工现场的变更以及工程施工进度预测等方面起到辅助作用。

5.6　智慧园区领域的数字孪生应用

结合当前阶段信息化发展的实际及雄安新区未来的发展需求，雄安新区以商务服务中心智慧园区建设为契机，以"雄安新区总体规划"为指引，以商务服务中心智能化基础设施数据资源融合共享为主线，充分利用云计算、大数据、物联网、AI 等新一代信息技术，在新区物联网平台、通用大数据平台、数字雄安 CIM 平台、视频一张网平台的基础上打造了智慧园区数字孪生应用，有效推动了园区治理能力和管理能力的提升，为园区决策提供了全方位、立体化的支撑，进一步提高了园区的设施管理水平和综合服务能力，建成了具有雄安特色的智慧园区。园区运营管理平台以及基于该平台的智慧化应用集中体现了数字孪生应用的建设成果。

园区运营管理平台是掌握园区运营态势、保障园区安全、提升园区管理与服务水平的核心支撑平台，具备从园区数字平台提取园区基础数据、物联感知数据、核心业务数据以及直接集成应用系统的能力。在此基础上建设的具备全息模拟、动态监控、实时诊断功能的数字孪生园，可实现园区地理环境、建筑设施、运营情况等动静结合的一体化交互展示与智能分析，为用户提供园区综合运行态势监测、协同指挥联动、领导驾驶舱等综合应用能力，将关键性的业务指标通过图表分析展示管理平台呈现给决策者，还能实现统计图的钻取等操作，全方位支撑领导决策。同时，通过机器学习算法，挖掘大数据的潜在价值，帮助园区由简单的信息化管理转变为数据驱动的智能化管理。

综合运行态势监测：园区综合运行态势监测主要对园区运营管理态势、生命线态势、安全态势、绿色能源分析、通行态势、生态环境态势、设备设施集中监测、工程建设总览等方面进行了全方位数据接入和呈现，三维叠加图表和各类系统数据，以可视化集中管理的模式对园区进行综合运行态势监测，如图5-5所示。

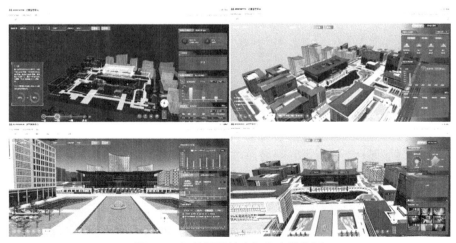

图5-5　智慧园区综合运行态势监测

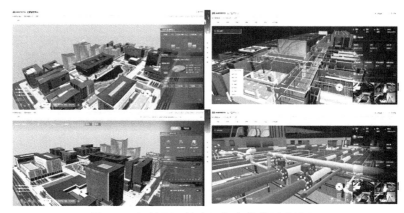

图5-5 智慧园区综合运行态势监测（续）

应急指挥：通过与各业务系统的实时连通，实现一体化的应急指挥联动控制，并反馈到各业务系统，形成事前预知、事中协调、事后复盘的闭环流程，为园区管理者提供基于 BIM 的完整的预案可视化流程，实现管理者对园区整体事件处置的可视化经营。通过建立预案、配置要素、配置流程，实现应急指挥的数字化管理。在实际应急指挥中，通过选择配置好的预案，可根据实际情况进行相应要素的配置调整，对园区系统设备进行连通控制，实现应急指挥的可视化智能管理，从而及时、准确地响应园区各类事件，如图 5-6 所示。

图5-6 智慧园区应急指挥

领导驾驶舱：支持园区管理者通过领导驾驶舱了解园区的关键指标，为园区管理人员提供掌控园区整体运营情况的一体化信息呈现。领导驾驶舱支持基于 BIM 的钻取式查询，实现对园区、各楼栋、各业态的整体性指标逐层细化、深化分析。领导驾驶舱针对领导的不同关注点、不同管理层级进行数据定制，实现对指标内容的灵活配置呈现，如图 5-7 所示。

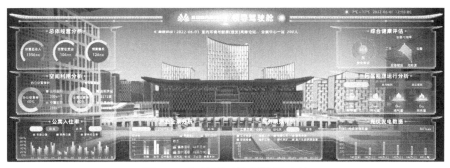

图5-7 智慧园区的领导驾驶舱

基于园区运营管理平台"向下连通融合园区智能感知体系，向上提供各类智慧应用的通用支撑服务，对外形成数据和服务开放共享能力"的特点，结合园区运营管理的实际场景需求，雄安商务服务中心进一步打造形成了智慧物业、智慧照明、智慧生态环境、智慧安防等各种应用。

智慧物业：基于建筑信息建模、IoT、AI等新技术创新应用，打造人、事、物孪生空间，破解园区设备设施管理难题，解决了安全隐患发现难、设备设施维护难、使用效率低、基建资产统计难、应急事件响应慢等痛点、难点问题，如图5-8所示。

图5-8 智慧园区的智慧物业

智慧照明系统：该系统是园区级智慧照明系统，整合了各业态的照明系统，形成了统一的园区系统级的公共照明管理，提供照明资源管理、运行状态智能监测和控制等功能，并通过账号权限控制实现分层级管理，为园区照明运营管理提供业务基础；对接园区室外景观、泛光、庭院照明等系统，统一联动下发控制指令，形成多样的灯光渲染效果，提升园区亮化形象，如图5-9所示。

图5-9　智慧园区的智慧照明系统

生态环境系统：对园区内绿化、水景和环境卫生所涉及的设备设施及事务进行全过程监管，展示园区生态环境的实时运转情况，实现可视化、准确、及时的指挥调度。系统基于园区运营管理平台提供的全景三维模型渲染能力，结合园区生态环境的静、动态信息数据，对园区范围内的生态环境资源（绿植、气象站、水质传感器、灌溉设备）进行全方位、综合性的"一张图"展示与管理。支持用户根据需求配置灌溉规则，实现自动化、智能化、一体化的灌溉控制，同时支持用户通过智能终端远程控制电磁阀开关，如图5-10所示。

图5-10　智慧园区的生态环境系统

智慧园区安防系统：智慧园区安防系统基于园区视频能力支撑平台，统筹管理范围覆盖园区地下大物业、室外环节、各个业态主要出入口，其余各业态自行管理数据和日常业务，本系统主要用于全园区的数据汇聚、调取、查询、分析和呈现，能调取实时流视频、录像，进行告警信息延迟督办，拥有高于业态的控制信令权限，为重点区域的信息业务处理提供视频监控、全景监控、智能监控、告警管理、智慧搜索、态势监控等功能，可以做到看得清（覆盖高清监控，结合全景监控）、早预防（主动防御，提升控制力度，预防事故发生）、多控制（与各智慧/智能应用系统间充分联动）、快处置（提升应急响应及指挥调度能力，快速调度管理人员处理事件），如图 5-11 所示。

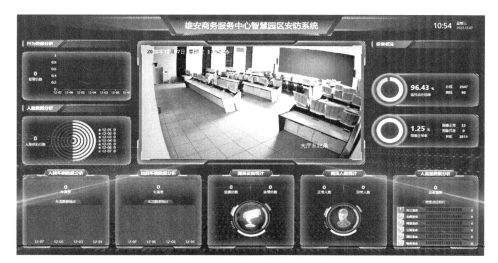

图5-11　智慧园区安防系统

5.7　城市治理领域的数字孪生应用

城市治理利用数字孪生体系能力，在接入新区城市设备相关数据的基础上，利用多维时空仿真推演能力，打造基于数字孪生的城市管理应用示范。

城市运行指的是与维持城市正常运作相关的各项事宜，主要包括对城市公共设施及其所承载服务的管理。城市运行是政府、市场与社会提供围绕城市公共产品与服务，各要素共同作用于城市而产生的所有动态过程。本项目通过建设雄安智能城市运行指挥中心，探索建立全域城市感知、统一数据管理、分析研判、辅助决策一体化的智能城市管理新模式，构建从决策、管理和执行 3 个层面进行城市管理的新模式，如图 5-12 所示。

> 决策层：负责城市运行的宏观监控、协调、指挥、决策。
> 管理层：负责城市运行专业领域的监控、协调、指挥、决策。
> 执行层：负责业务执行和服务。

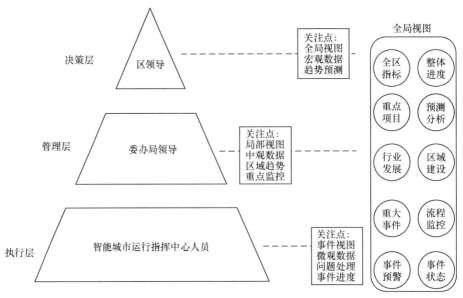

图5-12 智能城市管理新模式

雄安智能城市运行指挥中心（以下简称"雄安IOC"）作为雄安新区城市建设的主要组成部分，构建了全面透彻感知城市运转状态，以智能城市运行指挥中心为"龙头"的统一调度、统一指挥，跨区域、跨部门协同作战的指挥平台，形成了纵向贯通、横向协同、区域联动的整体作战格局，辐射全区各个区域。通过信息化设备的串联，实现了对全区各领域信息的综合管理及突发事件的联动指挥。

充分利用新一代信息技术实现全域感知和时空大数据的分析挖掘，在汇聚全区运行各项数据的基础上，通过可视化大屏动态显示全区运行指标和应急管理状态，探索创新全区运行仿真与分析评估，为管理者深度了解全区运行状况、分析全区问题提供决策支持。同时，辅助进行全区管理和应急事件的信息查询、热点分析、辅助决策。

总之，雄安IOC建设亦要参考新型智能城市建设思路以及通用城市运行指挥中心的建设思路，再叠加雄安新区的实际诉求和未来定位，实现用数据构建的智能城市运行指挥中心实时感知雄安新区每分每秒的细微变化，从而实现精准、快速、有效处置，使城市运行安全、有序、高效，进而为城市精细化管理、建设和治理创造出"1+1>2"的倍增效应，将雄安 IOC 建设成为行业一流标准，打造全国一流的智慧城市平台和全球智慧城市标杆。

以雄安新区城市排水防涝为例，利用城市水环境仿真模型，运用倾斜摄影、遥感影像、三维建模等多种仿真手段，对城市主要水体、地表水、地下供水管网、涉水工程、地形地貌进行三维仿真模拟，用一张图实现雄安新区排水防涝业务的规划、建设和管理，通过科学仿真算法，进行城市排水评估预警与防涝智慧决策，具体内容如下。

➢ 全域感知：对前端感知监测数据、设备运行情况等信息进行实时展示，构筑城市排水系统一张图；根据城市管网等排水设施，对不同降雨强度下城市的积水情况进行模拟仿真，对城市的滞水风险点进行预警。

➢ 评估分析：基于城市管网规划方案，进行建设前科学评估，发现方案中存在的问题，给出风险提示，同时进行多方案比选，评估各规划方案对城市滞水风险点积水情况的改善情况，自动生成方案报告。

➢ 智能决策：根据规划方案所改善区域的风险级别，综合考虑建设成本、建设周期、治理预算等因素，生成城市规划建设参考计划。基于城市仿真推演模型，实现城市防涝业务事前仿真预测、事中感知预警、事后优化提升。

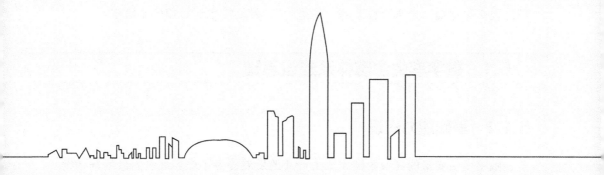

第 6 章

数字孪生生态体系建设

数字孪生生态体系主要由基础设施、创新平台、新场景、新赛道等部分构成，基于数字孪生城市建设，通过构建与物理对象实时映射的数字模型，分析、预测、控制物理对象的行为，让数据发挥更大效能。数字孪生与城市建设的结合，能够有效提升城市管理效能，重构城市管理模式，通过数字虚拟映像空间，实现对物理世界的实时多维度、多层次精准监测，让城市具备过去可追溯、现在可感知、未来可推演的"超能力"，带动技术创新和产业培育。

6.1 数字孪生生态体系建设基础

6.1.1 基础能力建设

数字孪生城市的建设为数字孪生产业的发展提供了虚实共生的数字基础设施，推动了城市大脑、城市运行中心、城市信息模型、城市数字孪生运营管理等数字孪生产业的发展。数字孪生生态基础能力建设包括城市全域智慧基础设施建设、高精度城市信息模型建设、时空动态仿真推演及预测体系建设、智能化城市治理综合体系建设，通过实现物理空间与数字空间的交互映射，增强城市治理的灵敏感知、快速分析、迅捷处置能力。

城市全域智慧基础设施建设，实现全域感知，由虚映实。布设天空、地面、地下、河道全域传感器，基于5G、WLAN、NB-IoT等融合高速网络接入环境，完善城市基础设施建设，推动空天地一体化综合融合网络建设和覆盖城市全域的智能传感器网络的形成，满足城市数据之间的无缝接入，适应不同的数字孪生城市应用场景。通过CIM数字化建模，实现数字空间和现实空间的互相映射，支撑数字孪生城市的高效运行，满足城市各种类型智能化运行场景的需求。

创建高精度城市信息模型，实现要素联动，由虚控实。数字孪生城市"预判"技术的核心内容是高精度、多耦合的城市信息模型，即基于三维GIS、BIM数据以及IoM网络，集成城市规划建设、管理过程和成果数据，形成可感、可观的三维城市场景的建模技术体系。通过载入城市全量全域数据，在城市系统内汇聚融合，实现对城市规律的识别，为改进和优化城市系统提供有效的指引，对城市的人、事、物进行预判，依据城市内各类主体的适应性变化实现城市的最优化运行。

构建时空动态仿真推演及预测体系，实现模拟仿真，由虚演实。充分利用新型融合网络体系，实现对城市多维时空信息的跨领域动态感知。通过采用深度学习、强化学习和增量学习协同技术，对城市要素进行灵活解构和智能耦合，实现时空并发的城市推演及模式体系，分析城市级动态演化与知识发现，预测城市发展，实现城市级运行资源要素的优化配置。

塑造智能化城市治理综合体系，实现自主研判，虚实共治。数字孪生城市通过城市治理综合体系，汇聚与融合不同来源的数据，将"自学习、自优化"功能融入城市治理流程中，对接城市管理、生态治理、交通治理、应急管理、公共安全等不同领域的系统，制定闭环流程和处置预案，进而实现城市治理的协同联动和一网统管。传统的城市治理聚焦现实城市的物理空间，在现场依据指令从事执法、调研、巡视等相关的工作。而数字孪生城市是利用数据优化城市治理和公共服务职能，优化未来城市治理，提供更精准的服务，带动业务流程再造、管理模式变革。

当前，全球掀起了数字孪生城市建设热潮，但不同国家、地区建设的重点有所不同：以中国、日本、新加坡等为代表的亚洲地区，以提升公共服务质量、提高政府治理水平为主要特征；以西班牙、英国、荷兰等为代表的欧洲地区，以解决能源问题、倡导绿色节能为主要特征；而以美国、加拿大为代表的美洲地区，则以促进新技术的应用为主要特征。

其中，美国通过积极开放公共数据，促进数字生态成熟，加速数字孪生产业发展。美国自 2009 年起开始实施《透明和开放的政府》《开放政府令》《电子化政府执行策略》等法案，成为第一个开放政府数据的国家。2014 年 5 月，美国政府发布了《美国开放数据行动计划》，提出"主动承诺开放并逐步开放数据资源"的原则。目前，数据开放成效不断显现，涵盖数据收集、数据分析和建模等的"数据价值链"已经形成。例如，房地产公司 Zillow 利用政府开放的房屋数据，开发在线房产估值和交易服务，市值超过了 55 亿元人民币；意外天气保险公司 Climate Corporation 面向农民提供完备的意外天气保险服务，于 2013 年被农业生物技术公司孟山都（Monsanto）以 11 亿美元收购，等等。

新加坡早在 2006 年 6 月就推出了"智慧国 2015"（iN2015）总体规划，致力于建设成为资讯通信驱动的智能化国度和全球化都市；2014 年，新加坡对该计划进行了全面的升级，公布了"智慧国家 2025"的十年计划，这也是全球第一个智慧国家蓝图。在两个计划的推动下，新加坡在电子政务、智能交通等领域均取得了全球领先的成果。2018 年，新加坡又推出了"服务与数字经济蓝图"，重点提升本国服务业领域的数字创新能力。

雄安新区的"一中心四平台"体系建设已基本完成，围绕"1+N"（一个 CIM 基础平台，N 个业务系统）总体架构，建立起二、三维一体化的城市空间统一信息模型，构建了新区物理城市与数字城市精准映射、虚实交融的城市新格局，为数字孪生新区建设和数字孪生产业发展奠定了扎实基础。

6.1.2　建设模式和路径

1. 标准先行

标准在数字孪生城市建设中具有基础性、先导性和战略性作用，数字孪生城市建设涉及方方面面，必须在建设之初就把标准制定放在首位，从标准的维度架构一个城市的框架，否则就会出现标准不一、各自为政的情况。雄安新区基于智慧城市建设标准框架，出台了一批标准规范，为提升我国智慧城市建设水平和建设效率贡献了雄安方案，让新一代基础设施的建设者有章可循、运营者有据可依。

2018 年 4 月《河北雄安新区规划纲要》获批后，2019 年 1 月，《中共中央国务院关于支持河北雄安新区全面深化改革和扩大开放的指导意见》出台，指出"赋予雄安新区地方标准制定权限，构建适合雄安新区高标准建设、高质量发展的标准体系"。2019 年底，中共河北省委雄安新区规划建设工作领导小组会议明确要求，抓紧建立雄安新区智慧城市标准体系，提高雄安数字智慧城市建设质量水平。2020 年 1 月，河北省委、省政府在雄安新区召开全省雄安工作会议，河北省委书记强调，大力推进智慧城市建设，高质量构建智能基础设施系统和智能管理应用体系，推进城市智慧化管理，积极打造全球领先的数字城市。

一系列赋能政策的密集出台，催生雄安新区构建适度超前的智慧城市标准体系总体布局。雄安新区邀请邬贺铨等院士专家支持指导，上千名专家参与研究，紧扣上位规划，对标相关的国际标准、国家标准、行业标准、团体标准，以数字城市建设为主题，以应用为导向，突出实用性、先进性，查缺补漏，攻坚克难，构建出智能基础设施和感知体系、智能化应用、安全三大类 12 个方面 200 余项标准的智慧城市标准体系总体布局，形成数字智能雄安建设的标准框架。

2. 多方协同共建

城市是一个结构复杂、功能多样的动态开放巨系统，有与外界交互的需求和活动，具有明显的生命特征。基于城市生命体的数字孪生城市建设需要政府、社会组织、专家智库、市民等多方的积极参与和及时响应反馈。数字孪生城市的四大构成要素——数据、模型、技术、场景应用（服务）都离不开多方建设主体的参与，数字孪生城市是一种典型的公共物品供给，需要政府在其建设过程中担负主要责任，发挥主导作用。政府通过科学制定数字孪生城市建设的前期规划、顶层设计，制定激励机制鼓励社会组织、专家智库为数字孪生城市建设献计献策，吸纳广大市民的建议和意见。市场营利组织是建设的主体，凭借市场力量、资本权利，以利润和效率为导向，不断追求数字孪生城市的技术创新、多领域融合服务与场景应用落地。市民是数字孪生城市建设的服务对象，只有市民积极参与城市建设过程中的公共决策，才能体现和落实"人民城市人民建，人民城市为人民"的理念。非营利组织在城市建设中占辅助地位，拥有社会权力和社群力量，以兴趣和能力为导向积极参与到建设中来。数字孪生城市多方共建示意如图 6-1 所示。

图6-1　数字孪生城市多方共建示意

6.2 数字孪生产业发展

6.2.1 从数字孪生城市到数字孪生产业

从发展历程来看，我国数字孪生城市的发展与智慧城市的发展紧密相关，智慧城市的建设为数字孪生城市的诞生和发展提供了必要条件。智慧城市建设经历了 3 个阶段，从早期以业务信息化为主，逐步过渡到大企业参与、产业落地，再到以数据驱动为核心、政府向科技企业开放机会，实现城市建设与产业协同发展的新阶段，数字孪生城市诞生于智慧城市建设的第三阶段。

第一阶段：应用建设阶段（20 世纪末期至 2012 年）。2008 年，IBM 提出了智慧城市的概念，传统 IT 企业成为第一波智慧城市建设的主导者，并塑造了第一代以应用系统建设为主的智慧城市发展浪潮。智慧城市建设从电子政务和信息化起步，早期专注于城市运行管理的信息化改造，与产业培育关联不大。

第二阶段：产业落地阶段（2012—2019 年）。2012 年，住房和城乡建设部大规模推广智慧城市，我国掀起智慧城市建设的浪潮，各地纷纷出台智慧城市发展规划，开展智慧城市工程项目建设，地产商和大型 IT、智能化企业采取共建产业园区、产业招商、PPP 等方式进入智慧城市领域，推动了智慧产业的初期落地。2015 年，新型智慧城市首次被写入政府工作报告中，智慧城市的内涵逐步向以人为本、公共服务延伸，更强调"以人为本"，重视数据的生产价值，以互联网思维推进多元主体融合创新。同时，国家提出"互联网 +"行动计划，微信、支付宝等互联网平台从城市服务领域切入，开始参与智慧城市建设。

第三阶段：数据驱动产业创新阶段（2019 年至今）。自 2019 年以来，城市大脑成为智慧城市建设的标配和基础平台，而城市大脑运行的核心要素是海量城市数据与人工智能算法，实现对城市运行、城市治理的智能化分析。同时，各地也将开放城市场景作为产业培育的重要手段，如北京、成都、上海、厦门、重庆、南京等城市均积极布局城市场景，依托场景创新促进产业培育和发展。数据和场景的应用使数字孪生城市建设成为数字孪生产业培育的发生器和载体，二者协同发展。

雄安新区已经初步建成以"一中心四平台"为核心的智慧城市建设体系，不仅包含信息基础设施、融合基础设施和创新基础设施，还更加突出包括感知体系、数据融合、网络信息安全在内的虚拟空间设施，为数字孪生产业的发展提供了有力的基础设施支撑。从地下空间、轨道管廊到地面道路、淀泊河流，再到建筑楼宇，雄安新基建布置的感知终端、智能终端和物联网络，犹如城市的一个个神经末梢，使冷冰冰的钢筋水泥具备了感知和温度，变成一个个智能生命体。难能可贵的是，雄安的新基建还进一步拓宽了数字孪生的内涵与外延，为未来发展预留了空间。在目前已开工和即将开工的 200 余个重点建设项目中，都包含新基建内容。雄安新区 5G、城市大脑、城市计算中心、数字道路等智能基础设施累计投资额已超过 100 亿元，新建区域的基础设施智慧化水平超过 90%。

数字孪生城市自概念诞生以来，受到产业界的广泛关注，正成为技术创新和产业培育的新路径，主要表现在以下方面。

一是数字孪生城市为数字经济发展注入新动力。作为新型智慧城市建设的一种新理念、新模式，数字孪生城市正带动更多的产业力量和智力资源协同参与，形成城市级的创新平台，不仅激活、拉动整个信息通信产业链共同发展，同时也为其他行业以及一些基础性和应用型的技术指出了新的发展方向。上海的通过智慧城市建设，实现了创新企业的培育。在新一代信息基础设施建设加速、智慧治城全面推广、数字经济迅速发展的大环境下，上海的智慧城市也发挥了自身的载体作用，培育出了许多新业态。上海聚焦电子信息、装备制造与汽车、生物医药等六大重点产业，培育形成了 15 个具有全国影响力的工业互联网平台，超 6 万家中小企业上云上平台，上海全市的大数据核心企业已突破700 家，产值已超过 2000 亿元，在上海，数字孪生城市已经"破茧成蝶"——充分展现出了科技之智、规则之治、人民之力。

二是数字孪生城市为智慧城市产业发展提供了新机会。数字孪生城市建设带动产业数据融合、技术融合和业务融合，吸引大量企业加入建设，以互联网企业、电信运营商、设备制造商、系统集成商、软件开发商为代表的传统产业阵营正以各种方式向数字孪生城市的建设方向加速转型。新进入的企业，尤其是掌握城市信息模型和全要素三维场景服务关键技术的一批创新型企业，技术实力快速提升，业务市场持续扩张，在数字孪生城市建设领域有望催生一批新的独角兽。2019年8月，北京亦庄发布场景新城建设计划，提出在北京率先建设"场景新城"，围绕高精尖产业发布数字孪生与城市大脑、智慧园区、5G应用、智慧交通等十大应用场景，分别设立联合创新实验室。亦庄现已发布了8批北京亦庄创新发布清单，为123家企业的176个项目释放投融资总需求超过100亿元；为22家高精尖企业发布49个岗位的人才需求；30多家有融资需求的中小企业与银行、投资机构达成初步合作意向。

6.2.2　数字孪生产业的特征

数字孪生城市产业伴随数字孪生城市建设而衍生，其本质在于BIM、CIM、VR/AR、AI、感知技术、融合网络、数据融合、模型构建、仿真推演等先进技术的产业化落地，与当前国家大力发展的数字经济密切相关，二者在内涵、发展特征上高度一致。数字孪生产业具有技术引领、数据驱动、指数增长、生态协同四大特征。

1. 技术引领

数字孪生因感知控制技术而起、因综合技术集成创新而兴，其本质是技术集成。从当前发展来看，数字孪生城市技术体系大致由感知技术、融合网络、数据融合、模型构建、仿真推演五大类核心技术，以及大数据、云计算、AI以及区块链等支撑技术紧密结合而成。数字孪生各领域由各类数字技术引领。因此，源于数字孪生城市建设的技术企业都具有技术引领的特征。

在云计算领域，亚马逊、微软、阿里巴巴、华为等ICT服务商利用云计算市场的先发优势，将云计算能力向边缘侧拓展。如亚马逊推出AWS IoT Greengrass，可将AWS无缝扩展至边缘设备；微软推出Azure IoT Edge，将AI和分析工作的负荷迁移到网络边缘；阿里巴巴推出物联网边缘计算平台，用户可以将阿里云的边缘计算能力部署在各类计算节点或智能设备中，打造云边端一体化的协同计算体系；华为推出智能边缘平台，支持用户海量边缘节点接入和边缘应用全生命周期管理，提供完整的云边协同一体化的计算解决方案。在模型构建领域，一批创新能力强、业务产品突出的企业，从自动参数化建模，到实景三维建模，再到语义化建模，都有表现出色的代表性产品。如51VR公司基于自动化建模技术实现数字孪生城市还原，通过静态时空数据和动态天气、光照等物理仿真，约 6 小时即可实时渲染构建数千平方公里的 L2 数字孪生城市。泰瑞数创已经具备从三维语义建模到语义模型管理再到语义模型应用的全流程的技术方案，并已参与到上海公安、天津滨海城市大脑、上海临港城市大脑等智慧城市建设中。

雄安新区高度重视技术创新生态建设，通过搭建算法、区块链、科研院所、资本等技术创新平台，带动算法经济发展。2021 年 9 月 6 日，雄安人工智能算法开放平台正式对外发布，工银科技承担算法开放平台建设与业务运营创新试点示范工作。该平台以算法仓库、训练中心为建设内容，提出算法应用新机制，引入算法新功能，探索解决使用算法工作中存在的"买不起""用不好""静态绑定"等问题；提供算法新服务，为个人、科研机构与算法企业提供算法提升的资料与场景，可快捷支持人脸识别、图像识别、视频分析等功能。该平台现已在雄安云投产运行，海康威视、科大讯飞、同盾科技等十家国内知名 AI 科技企业首批入驻。同时，该平台将成为智能政务服务的新赋能平台和雄安智慧城市与数字经济建设的新引擎，在服务新区智慧城市建设算法需求的同时，可进一步组织社会企业开展揭榜挂帅、算法交易、算法博览会、算法夏令营、算法实训基地等算法生态服务。

2. 数据驱动

2020 年 3 月，中共中央、国务院正式发布《关于构建更加完善的要素市场化配置体制机制的意见》，首次明确数据是一种新型生产要素，是与土地、劳动力、资本、技术并列的基础要素。作为新型生产要素，数据并不只是对传统要素的补充，而是以幂数效应，放大人、财、物的能量，增强经济韧性与厚度，正成为驱动产业城市发展的新动能。作为一种产业发展范式，数字孪生产业突出的特点即为"数据驱动"。数字孪生实质上是城市物理实体的三维模型表达，通过空天、地面、地下、水下的不同层面和不同级别的数字采集，实现数字空间与物理空间的一一映射，构建全空间、三维立体、高精度的城市数字化模型，除城市三维地理信息模型及 BIM 外，CIM 还需要纳入城市 IoT 智能感知数据。智能感知数据包括城市各种公共设施及各类专业传感器感知的具有时间标识的即时数据，可反映城市的即时运行动态情况，与城市三维 GIS/BIM 空间数据叠加，将静态的数字城市升级为可感知、动态在线的数字孪生城市。这些为数字孪生城市可视化展现、智能计算、仿真模拟和智能决策等提供数据基础，共同支撑城市智能应用。自然而然，数字孪生城市建设及产业发展离不开数据，数据驱动数字孪生产业的发展。

雄安新区 CIM 平台的目标主要包括三方面：第一，数字智能基础设施的建设，支撑整个城市未来的数字化发展；第二，全域智能环境的构建，实体城市公共空间或室内空间都充满泛在智能感知终端和服务，支持人机互动的良好界面；第三，最终实现数字资产交易、数字资产管理、数字经济创新等理念，预测衍生出未来新的城市形态。2019 年 1 月 11 日，雄安新区管理委员会印发《雄安新区工程建设项目招标投标管理办法（试行）》，在招投标活动中，全面推行 BIM 和 CIM 技术，实现对工程建设项目的全生命周期管理。2021 年 8 月，雄安新区管理委员会又印发了《雄安新区绿色建筑高质量发展的指导意见》，再次强调与 CIM 平台的融通联动，全面推动信息技术集成应用，加快推动雄安新区绿色智慧新城建设。

3. 指数增长

数字孪生产业中的企业遵循新的成长规律——指数增长。诺贝尔物理学奖得主、量子力学奠基人玻尔在其"量子跃迁"理论中提出，量子世界的变化状态是跳跃式的，拥有以概率波的形式爆发式成长的特征。从根源上来说，物理世界的"量子跃迁"现象根源于速度和变化。新经济时代，信息加速膨胀，变化速度呈现指数增长，这势必会导致社会经济生活中的基本"粒子"——企业出现爆发式成长。数字孪生产业突出的特点是数据驱动，数据和信息成为最重要的生产要素。数据、信息等新生产要素使数字孪生产业中的企业生产效率提升，而且边际成本大幅降低，甚至实现零边际成本。同时，企业间"非零和竞争"的竞争关系也加速创新型企业的原始资本积累与资源互换，从而改变了企业的线性成长路径，企业的发展轨迹也不再局限于线性成长，而是更多地呈现出指数级的非线性成长路径。在海量的创业试错中，绝大多数创业企业未能跨过死亡谷，逐渐消亡；也有的创业企业陷入相对较长的成长停滞期，成为"小老头"企业；只有少部分创业企业跨过死亡谷，成为持续高成长的瞪羚企业，其中又有极少数优秀瞪羚企业成为细分行业巨头，爆发式成长为独角兽企业；

而独角兽企业中，又有极少数在经过不断发展和壮大后，最终成长为新市场中的巨无霸企业。这种跳跃式、非线性的发展是数字孪生企业成长路径的主旋律。

4. 生态协同

数据驱动的产业创新时代，实现爆发式成长的企业的外部关系不再局限于产业链分工合作与市场交易，更多的是需要通过联盟、外包、合作、嫁接等方式整合资源，进行双向的、多边的互动，形成共生共荣的生态圈，目的在于用己所长、集采众长，实现协同创新和互利共赢。建立生态圈是企业健康发展、抵御风险的最佳路径，只有冲破藩篱、合作共赢，才能获得爆发式成长。数字孪生城市建设是一个涉及多环节、多领域、跨部门的复杂系统性工程，随着数字化的发展，企业在竞争中发展出共生关系，生态协同成为行业共识。数字孪生产业生态一定是基于"平台 + 生态"的，平台的出现将打破产业、行业边界，将众多的创新主体集聚在平台上，相互交换信息、实现交易、集成服务，基于简单的规则和自组织机制，形成自组织的生态，继而衍生出大量的新业态。如开放式创新平台通过开放数据接口、建设众创空间、组织创新创业大赛等，"互联网 + 智慧城市"提供了创新所需的基础数据、技术环境、空间载体等资源，吸引众多的需求方、创新者、创新服务机构入驻，建立了一种高效的创业创新与市场资源、社会需求对接的通道，形成了高效的创新生态。

6.2.3　数字孪生产业的发展趋势

1. 数字化上升为国家战略，数字孪生产业迎来发展新风口

数字化是产业转型升级、城市高质量发展的新动能，也是"十四五"时期国家战略部署的重要内容。在数字化浪潮下，通过数字化建设提升政务服务效率、推动城市智能化运行、促进经济产业高质量发展，成为"十四五"时期国家加快数字化发展的重要内容。

数字化是国家未来战略布局的重要方向。党的十九届五中全会明确了我国"十四五"时期的发展目标，从打造具有国际竞争力的数字产业集群、提升社会数字化智能水平、推动数据资源开发利用、扩大公共信息数据有序开放、保护数据安全等方面，对加快数字化发展做出了重要部署。国务院也先后出台了《关于加快推进全国一体化在线政务服务平台建设的指导意见（国发〔2018〕27

号)》《关于构建更加完善的要素市场化配置体制机制的意见》《关于推进 "上云用数赋智" 行动 培育新经济发展实施方案》《关于支持新业态新模式健康发展 激活消费市场 带动扩大就业的意见》等指导文件，从政务服务、数据要素、企业数字化转型升级、数字经济新业态培育等方面做出了重要部署。

数字孪生的发展得到了我国的政策支持。2020 年，"新基建" 首次被写入政府工作报告，在对这一热点的讨论中，"数字孪生" 被不少代表和委员提及。2020 年 4 月，国家发展改革委印发《关于推进 "上云用数赋智" 行动 培育新经济发展实施方案》，提出要 "围绕解决企业数字化转型所面临的数字基础设施、通用软件和应用场景等难题，聚焦数字孪生体专业化分工中的难点和痛点，引导各方参与提出数字孪生的解决方案"。数字孪生技术的受关注程度和云计算、AI、5G 等一样，2020 年 9 月 11 日，工业和信息化部副部长强调，要前瞻部署一批 5G、人工智能、数字孪生等新技术应用标准。

综上，随着新一代信息技术与实体经济的加速融合，数字化成为产业转型升级的重要一招，工业数字化、网络化、智能化的演进趋势日益明显，将催生一批制造业数字化转型新模式、新业态，数字孪生日趋成为产业各界的研究热点，未来发展前景广阔。

2. 数字孪生产业发展迅速，正在成为城市新经济的重要方向

当前，世界经济数字化转型是大势所趋，数字经济已成为全球经济发展的热点。数字孪生作为政府及企业数字化转型的重要基础能力，不再只是一种技术，而是一种发展新模式、转型新路径、变革新动力，正成为城市新经济发展的必由之路和未来选择。

数字孪生助力智慧城市建设。近年来，我国深入推进智慧城市建设，提高城市管理的科学化、精细化、智能化水平，取得了显著成效。智慧城市已经成为我国城市发展的新理念、城市运行的新模式、城市管理的新方式和城市建设的新机制，得到中央和地方政府的普遍重视。特别是在疫情防控期间，健康码、行程卡等智慧城市新应用在疫情精准防控、企业复工复产等方面发挥了极为重要的作用。

数字孪生技术激发产业升级。数字孪生涉及的技术门类多，应用领域广，成为国内研究与实践的热点之一。例如，我国自主研制的 "天问一号" 火星探

测器于 2020 年 7 月 23 日发射升空；经过一次深空机动和 4 次中途修正，于 2021 年 2 月 10 日成功进入火星轨道；5 月 15 日，"天问一号"成功穿越火星大气层，着陆于火星乌托邦平原南部预选着陆区；5 月 22 日，"祝融号"火星车驶离着陆平台，到达火星表面，开始了对火星的探测之旅。实现这一系列极其复杂的科学任务，就应用了数字孪生技术。

数字孪生产业正成为城市新经济的重要方向。各地持续加快以数字化转型为核心的数字经济布局，已有超过 30 个省、市、园区制定了支持数字经济发展的规划文件或专项政策，各地对数字新业态培育、抢抓新赛道机会的反应速度越来越快。北京发布加快新场景建设、培育数字经济新生态行动方案，中关村制定数字经济引领计划，上海、武汉、合肥等城市出台在线经济培育方案，四川、杭州等提出大力发展直播电商新业态。雄安新区 2019 年被授予"国家数字经济创新发展试验区"，2020 年发布的《河北省数字经济发展规划（2020—2025 年）》提出，河北省将实施"雄安新区数字经济创新发展试验区建设行动"，并"加快发展区块链、量子通信等新一代信息技术产业，培育一批数字经济龙头企业"。数字孪生技术重塑信息化进程，正展现出巨大的应用潜能。数字孪生大幅降低成本，提升了各行各业数字化的部署速度和验证效率，并已在制造、能源、医疗、环保等多个行业开展了应用实践，特别是自数字孪生城市提出以来，吸引了政产学研用各方的高度关注，展现出了巨大的应用价值与发展前景，或将成为数字化转型率先开花结果的领域。

3. 场景创新成为数字孪生产业爆发式成长的重要催化剂

场景，指由互联网、大数据、人工智能等新技术催生的，由优秀的创业者和独角兽创造出来的，具有前沿性、科技感、体验感和创造性的新兴生产生活方式。场景能够实现数据、算法、商业闭环，是数字技术产业化落地、形成爆发式成长新业态的重要载体。

一个高价值场景能够催生大量爆发式成长独角兽、瞪羚企业，进而形成一个爆发式成长的新业态，主要表现在 3 个方面。首先，场景是新技术的产业基础设施。场景创造巨大的新需求、新机会与新市场，将吸引平台型企业、新业态企业、科研机构、转型发展的传统企业、专业服务商等众多类型的企业集聚。其次，场景是新技术创新中心。场景催生对新技术、新产品的需求，激活新理论、新技术的研发及产业化应用，间接带动企业与企业、企业与研究机构、企业与高校间的跨界研究合作以及上下游产业链相关企业的衍生与汇聚。最后，场景是新技术的价值网络。场景带动企业集聚，打造新的产业链，将进一步带动周边产业的衍生发展，形成由内而外的价值网络的扩张，最终形成由资金流、信息流、政策流、人才流等资源集聚的产业生态。

当前，国家密集出台各项政策支持场景创新。2020年《国务院办公厅关于进一步优化营商环境 更好服务市场主体的实施意见》提出，围绕城市治理、公共服务、政务服务等领域，鼓励地方搭建供需对接平台等，为新技术新产业提供更多的应用场景。《国务院关于促进国家高新技术产业开发区高质量发展的若干意见》提出，构建多元化应用场景，发展新技术、新产品、新业态、新模式。《中华人民共和国国民经济和社会发展第十四个五年规划和2035年远景目标纲要》中提及要"充分发挥海量数据和丰富应用场景优势"，并以专栏形式部署了十大数字化应用场景，包括智能交通、智慧能源、智能制造、智慧农业及水利、智慧教育、智慧医疗、智慧文旅、智慧社区、智慧家居、智慧政务，旨在通过场景创新加速数字中国建设。

数字孪生模式下，系统具备实时、动态、精准定位，可视化展示，仿真，验证，回溯，协同，联动等特性。城市的运行状态将与以往大不相同，可以肯定的是，未来科学发现和智慧应用将不断涌现，让我们的生活充满惊喜的体验。场景驱动成为数字孪生产业关注的焦点。未来，主动培育和供给的场景将成为数字孪生产业爆发式成长的重要催化剂。

典型案例如"杭州城市大脑"，这是政企共同创建的成功的场景案例，杭州政府与阿里云等多家企业围绕政务大数据综合利用联合开发了城市大脑，不仅形成了具有杭州城市代表性的解决方案，也成了优秀数字企业的孵化器。例如，成立于2016年的数梦工场由于在"杭州城市大脑"中提供数据运营及服务，获得了许多城市的青睐，已经为浙江、江苏、广东、河南等30多个省（市）提供政务大数据服务，成立4年估值即超15亿美元，快速成长为独角兽企业。

4. 数字孪生产业从单一集群向产业生态加速演进

在新经济的环境下，全球正从以要素驱动、工业主导、成本优势为特征的工业经济向以创新驱动、服务主导、创业经济为核心的新经济转变，产业发展从产业集聚、产业集群逐渐进入产业生态化发展的新阶段。数字孪生产业是具有技术引领、数据驱动、指数增长、生态协同等新经济典型特征的产业，其产业价值链融合不断加深，正从单一群体向产业生态加速演进。

具体表现为，各大 ICT 企业及互联网巨头主导生态建设，空间信息、BIM、模拟仿真、AI 等各环节技术服务企业集聚参与。同时，运营商、技术提供商、集成商、设备供应商等产业链上下游企业及其他行业伙伴全面激活，联合打造数字孪生场景应用，初步形成共建数字孪生城市底座、开放平台、发展数字孪生产业的生态化模式。如华为基于自身在物联感知、5G、人工智能等方面的领先优势，打造城市数字平台，以混合云底座、AI 使能和开放生态为核心，携手合作圈 3.0 伙伴，开放使能平台构建联合解决方案，其中合作圈 3.0 已经聚合了全产业链近百家合作伙伴，跨投融资、咨询顶层设计、集成交付、解决方案、运营服务、多元化产业等多个领域。泰瑞数创与科大讯飞、中国电子等行业头部企业达成战略合作，以 SmartEarth 数字孪生底座为核心，推出覆盖全产业链的平行世界数字孪生服务平台，加入多个数字孪生城市生态，与各行业伙伴共谋发展新机遇。

雄安"城市大脑"——雄安城市计算中心（超算云）项目是建设"智慧雄安"的重要支撑，也是雄安新区数字孪生城市"之脑""之眼""之芯"，是新区数字孪生城市运行服务系统的重要载体。其承载的边缘计算、超级计算、云计算设施将为整个数字孪生城市的大数据、区块链、物联网、AI、VR/AR 提供网络、计算、存储服务，也为"互联网 +"在各行业落地以及"大众创业、万众创新"提供坚实、可靠的承载。雄安现已印发数据资源目录、数字标识、视频终端复用、区块链安全等"城市大脑"标准，其他标准正在编制中，雄安新区的"城市大脑"雏形已初步形成。随着"数字雄安"建设的深入实践，数字技术正引领和推动雄安新区经济发展、社会治理、百姓生活等方方面面的变革。

6.3　数字孪生生态体系构建

6.3.1　生态体系的演变规律

生态学（Ecology）是研究生物与环境之间相互关系及其作用机理的科学。

1866 年，德国生物学家海克尔初次把生态学定义为"研究动物与其有机及无机环境之间相互关系的科学"。1953 年，美国生态学家奥德姆提出生态学研究自然结构及其功能，以生命物种为对象，研究个体、种群、群落、生态系统等。生态论是在生态学基础上发展起来的一种方法论，是以生态观观察世界、研究世界的一般方法。1923 年，莱奥波尔德就已经从生态学的视角将地球自然当作一个有机整体来看待。萨克塞曾指出"生态学的考察方式是一个很大的进步，它克服了从个体出发的、孤立的思考方法，认识到一切有生命的物体都是某个整体的一部分"。由此，生态理论演变为一种普适性的方法论。

人类的经济活动具有典型的自然生态系统运行特征。经济活动中的创新主体，既具有个体多样性，能开展多种创新活动，也能够通过联结创造出更加多种多样的产业组织，如同自然生态中的物种，是生态系统中的基本组成单元。数字经济引领新一轮科技革命和产业变革，数据成为新的创新与生产要素，为产业跨界提供了重要前提。以人工智能、大数据、物联网、区块链等为代表的数字技术几乎存在于每一个产品、每一项服务和每一个经济活动中。随着数字技术加快信息要素在不同经营主体和不同行业之间的流动，产业边界越来越模糊，未来的经济结构不再是独立的产业简单相加组成，产业将逐渐呈现生态化的发展逻辑。

在产业发展空间方面，有 3 种表现形态：产业集聚、产业集群、产业生态。在传统经济背景下，产业集聚是离散形式的，各创新主体空间集中，但彼此之间无关联，各自发展。在产业集群中出现了相对固定的影响关系，以大企业为中心，影响上下游关联的小企业。产业生态是随着信息技术、数字经济的发展，产业间不断跨界融合、演化而成的产业高级形态。在产业生态状态下，产业集群的链式结构转变为网络式结构，产业价值链逻辑向生态逻辑转变。产业生态具有以平台为导向，以共生共赢发展为目标，去中心化、自组织化的特征。

产业生态类似热带雨林，热带雨林是地球上抵抗力最强、稳定性最高的生物群落，演替速度极快。多样、偶发、复杂、自组织是生态繁荣的特征，同样也是产业生态呈现出的典型特征。在产业生态中，围绕多元创新形成多种类型的企业、研发机构、中介，如同热带雨林中丰富的物种、群落，体现出多样性。最具前途的企业常常超预期出现，体现出偶发性。各主体间创新关系错综复杂，如同热带雨林中复杂的群落关系。产业生态有跨界、涌现、场景、共治四大机理，其中跨界是基因再造、涌现是层次跃迁、场景是生态航标、共治是多方协同。

1. 跨界是基因再造

跨界的本质是经济单元的基因再造，它以数据为核心生产要素、以新技术和新型基础设施为支撑，颠覆传统行业，创新生产生活方式。云计算、大数据、区块链等新技术的不断突破，加速数字要素渗透进产业链的各个环节。5G、人工智能、工业互联网、物联网等新型基础设施加速布局，为跨界夯实数字化基础。数据成为生产要素才使得跨界成为可能，如果数据没有成为生产要素，跨界将难以实现。在跨界的推动下，投入要素、组织形式、资源配置、生产工具、产业边界等均发生了重大变化，使人们的生产生活方式从本质上得以创新。当产业跨界越来越频繁，最终表现为独角兽企业的产生及新产业、新业态、新模式的涌现，为产业发展提供了前所未有的驱动力，新的产业生态也就逐渐形成。

雄安新区在通过智慧城市培育产业生态的过程中要谋划好底层应用场景，将智慧城市建设需求和应用场景对社会全面开放，实现建设需求与市场供给的有效衔接。开放的场景建设能够通过提供新型技术创新基础设施、真实的技术试验验证环境、广阔的产品应用新市场，为创新创业企业成长提供活跃的生态，进而孕育更多成长性的企业。同时，开放的应用场景能够带动跨界合作及上下游产业链相关企业的衍生与汇聚，促进新技术、新产品、新模式的跨界融合创新，为新兴产业发展提供新动能。

2. 涌现是层级跃迁

涌现体现了新经济背景下"前沿科技创业—独角兽—新业态—新产业"的集体学习、集体演化，说明投资人和技术人员发现了某领域存在赛道。催生涌现需要具备两个客观条件。一是外界巨大的能量输入，即创业活跃。一方面，在新经济条件下，头部企业积极进行平台化转型，通过创业试错寻找新的增长点，培育更好的企业。另一方面，以前沿技术商业化为基础，以市场需求为导向，众多优秀的创业者、应用型科学家与投资者深度合作，积极参与前沿科技创业。多方力量协同合作形成巨大的外界能量，促使瞪羚、独角兽企业涌现。

瞪羚、独角兽企业的涌现，带动相关科技型中小企业发展，并在新型研发机构及专业服务机构的支撑下，推动新业态的持续涌现。随着独角兽、新业态的涌现，逐渐构成产业生态系统，具备了单个要素所不具备的新属性，最终可形成世界级产业集群的涌现。二是在"集体学习、集体演化"的环境中，产业中不同元素的连接成本极低、链接迟滞极低。如产业互联网，在市场化环境下，借助数字技术，各类主体"线上 + 线下"高效高频链接、集体学习，多元主体参与生态建设并实现产业共治。"涌现"，代表了原创新兴产业的层级跃迁，代表着新赛道的形成。其中，产业组织者是原创新兴产业涌现的重要推动力量。

雄安新区采用"平台 + 生态"的建设模式，以数字城市公司作为新区智慧城市建设的平台公司，联合阿里巴巴、腾讯、京东、百度等国内知名互联网企业，共同推进新区智慧城市建设。2017 年，新区共有阿里巴巴、腾讯、百度、京东金融、360 奇虎、深圳光启、国家开放投资集团、中国电信、中国人保等48 家企业首批获批落户，全部为高科技企业。其中，前沿信息技术类企业 14家，现代金融服务业企业 15 家，高端技术研究院 7 家，绿色生态企业 5 家，其他高端服务企业 7 家。

3. 场景是生态航标

场景是新经济高效的应用中心和创新中心，场景的出现代表着大量的技术人员和投资人认同了共同的赛道，这是产业生态的重要航标。场景把人才、资本、技术、政策等创新相关的要素有机结合起来，把市场的供给与需求、技术的供给与需求紧密结合起来，有利于形成新兴产业发展所需的技术与产业创新生态环境，有助于产生改变世界的颠覆式创新。改变世界的场景来自满足人的根本需求，基于新的价值体系跨界而生，把新研发、硬科技创业等面向未来的研发与城市治理、未来生活、产业升级等面向未来的需求有效对接起来，通过设立场景实验室等方式，加速实现新赛道中新技术、新产品、新模式的商业化应用，进而快速实现垂直领域的市场拓展。场景是赛道的起点，创业者与独角兽企业是技术与市场的最佳连接者，是场景创新最原始的动力，也是赛道的核心构建者。

雄安新区作为全国首批数字人民币试点城市，将智慧城市规划建设与数字人民币试点工作紧密结合，不断创新特色应用场景，切实为新区建设企业和广大人民群众带来数字化、智能化的金融服务，力求依托"金融＋科技"力量，全面提升服务能力，优化服务体验。在中国人民银行石家庄中心支行和新区管委会改革发展局的指导与支持下，中国银行河北雄安分行联动中国雄安集团数字城市科技有限公司，成功实现雄安新区首笔"链上"数字人民币工资代发和全国首个"区块链＋数字人民币"应用场景顺利落地。

4. 共治是多方协同

产业共治推动产业利益相关各方功能与职责相互支撑和辅助，是多方参与、共同治理的产业发展新模式。传统产业发展模式下，政府、企业、中介机构的发展相对独立。政府制定规划和政策，提供土地、资金等资源，难以动态精准掌握企业需求，更难以持续专注某一领域。企业专注自身发展，被动享受政策，虽熟悉产业实情，洞悉自身痛点，但缺少影响政府决策的渠道。中介机构自发或接受政府购买服务开展业务，虽拥有丰富的资源，但供需对接难、交易成本高，难以有效服务产业。在产业共治模式下，由政府组织引导，企业、行业组织者、服务机构及其他相关主体作为主要参与者，共同构成产业共治机构。产业共治机构可以凭借对产业的专业理解，依据产业新的发展逻辑，理清发展思路，编制更符合新经济规律的产业规划；可以围绕区域发展规划、产业规划等，协调产业利益，率先开展新经济制度创新试验，促进政策创新；可以发挥业界在构建产业生态圈、行业自律、风险管控等方面的作用，由政府、企业各自为战转变为生态圈共谋增长，导入多元文化元素，共同营造良好的营商环境；可以围绕服务效率、权益保护、国际推广等产业关切的主题，由项目拉动转变为产业齐头并进，促进资源导入。产业共治模式有效加强了业界、学界、政界的联系，发挥各方优势，促进产业跨界融合，加速新产业新业态涌现，为产业生态良性发展提供有力保障。

6.3.2　数字孪生生态基础建设

数字孪生生态构建不仅是围绕数据感知、采集、汇聚、分析应用，实现从感知网络到大数据体系、从基础平台到垂直应用的"从0到1"的信息化建设过程，而且是依托现有的信息化、数字化建设基础，结合数字孪生产业发展重点进行"查缺补漏"的"堆积木式"构建过程。

雄安新区在 2018 年发布的《河北雄安新区建设规划纲要》的指导下，制定了独有的雄安新区智慧城市建设专项规划、雄安新区产业发展规划和雄安新区科技创新规划。新区将智慧城市定义为城市活动全感知、所有数据融合共享、人工智能全方位应用的城市建设管理运营和服务。

在产业规划的基础上，新区规划出了"一中心四平台"的智慧城市运行基础框架。其中，"一中心"是雄安新区的云计算中心，包括边缘计算、超级计算的"边云超"结合的城市计算体系。城市计算中心将承载政务平台、核心数据及向公众开放的应用服务。CIM 平台结合了 BIM、GIS 等技术，能够实现物理空间全数字化。整个平台以 GIS 数据作为数据承载、融合的功能性平台，增加 BIM——即城市单体、城市细胞的数据，并融合部分物联网感知数据，最终在系统层面实现新区的"数字孪生"。公共视频图像智能应用平台又名"视频一张网"，该平台不仅服务于交通、公安等特定行业，而且服务于城市管理的各个方面，构建统一建设、统一部署的"一张网"的概念，最终形成城市空间要素同步部署、全域覆盖的视觉感知系统。城市物联网平台实现智能传感器的统一接入、数据的统一融合和共享，将进一步支撑新区的感知体系建设。通用大数据平台是雄安新区数字孪生城市的数据基底，也是整个城市的操作系统，承载着整个新区各个系统的数据汇集、数据存储、服务赋能以及管理共享交换等功能。通用大数据平台覆盖了新区数据的全生命周期，通过数据的自生长、数据的标准化处理，以及 AI 算法模块化分析，实现数据可视化以及对数据商业价值的发现和生态化的服务，最终赋能新区各类行业应用。

6.3.3 数字孪生生态体系架构

数字孪生产业的发展需要城市基础设施、平台能力和应用场景的良性互动，以及制度机制、产业体系、创新系统的有效支撑，以建立开放互联的商业模式，促进多方协作的组合式创新，并实现产业链、创新链、价值链、服务链的相互融合。良好的数字孪生产业生态，是推动全球数字孪生城市高质量发展的关键，也是能够实现可持续发展的关键。

1. 基础设施

数字孪生生态下的新基建是数据驱动的基础设施，核心要解决数据采集、存储、传输的问题。因此，数字孪生生态的新基建主要包括三类：一是数据采集设施，包括以传感器、智慧灯杆、智慧井盖、卫星、无人机为代表的城市数据采集设备，以大科学装置为代表的科研数据采集设施，以智慧道路、自动驾驶测试场等为代表的产业数据采集设施，还包括激光扫描、航空摄影、移动测绘等新型测绘设施，旨在采集和更新城市地理信息和实景三维数据，确保两个世界的实时镜像和同步运行。二是数据存储设施，主要以数据中心、超算中心、云存储等为代表，汇聚全域、全量政务和社会数据，与 CIM 平台整合，展现城市全貌和运行状态，成为数据驱动治理模式的强大基础。三是数据传输网络，以 5G、NB-IoT、工业互联网、卫星互联网等为代表。

2. 创新平台

创新平台是数字孪生生态发展的重要支撑，主要包括两类：一是技术驱动的算法算力、公共技术平台等，为数字孪生产业解决方案的研发提供更高效的技术支撑；二是服务驱动的人力、资本、创新创业平台等，为数字孪生产业培育提供产业配套资源和服务。技术驱动的创新平台，包括算法算力、区块链等共性技术赋能与应用支撑平台，汇聚人工智能、大数据、区块链、VR/AR 等新技术基础服务能力，以及数字孪生城市特有的场景服务、数据服务、仿真服务等能力，为上层应用提供技术赋能与统一开发服务支撑。服务驱动的创新平台，包括双创载体、科技服务机构等，主要通过协同创新、服务创新、机制创新等为创新源头提供良好的创新服务与环境。核心是如何将人才、资本、技术、经验等从创新源头、资本市场、要素市场快速集聚并加快流向产业界、企业界和创业领域。往往可通过打造人才特区、建设科技金融高地、推进空间供给载体建设、引进培育高端服务平台、提升机构专业服务能力、强化各类服务互联互通，搭建优质平台载体，提升集成服务能力。目前，科技服务业已成为创新生态建设的基础构建，在资源配置、产业组织、要素供给等方面都发挥着基础作用或决定作用。

3. 新场景

场景为数字孪生价值变现提供赛道，为用户体验孪生提供空间，成为供需两侧关注的焦点。从科技企业场景创新实践来看，更智能的城市、更贴心的社会、新时代的消费、更高效的产业是当前企业在数字孪生城市领域开展场景创新实践最主要的领域。围绕四大领域，已经涌现出了一批值得关注的场景实践，可以作为区域主动供给场景机会、吸引科技企业合作的切入点。

（1）更智能的城市场景：大数据、云计算、区块链、人工智能等数字技术全面渗透城市生活的方方面面，为城市的运行、管理、服务方式带来了全新的变革，共享出行、无人驾驶、智能安防等一系列数字技术应用走进现实，推动城市更聪明、更智慧。

（2）更贴心的社会场景：数字技术全面融入人们的日常生活，推动一系列数字化、便捷化、智能化的公共服务，以更智慧的方式破解教育、医疗等民生难题，构筑了全民畅享的美好数字生活新图景。

（3）新时代的消费场景：移动互联网等数字技术与居民生活消费的有机结合，为消费市场带来了广阔的发展空间和增长动力，改变了居民以往的消费模式和消费习惯，全面推动消费市场升级、消费结构优化。

（4）更高效的产业场景：大数据、物联网、人工智能等数字技术与传统产业深度融合，改变了以往的生产方式、产业形态、管理模式，为传统产业带来了新的发展机遇和创新方向，推动传统产业向数字化、网络化、智能化方向发展。

4. 新赛道

新赛道是新经济条件下产业生态化发展的新结果，创新创业生态和产业生态越活跃，越容易涌现和培育新赛道。新场景的突破形成新物种企业，新物种涌现形成新赛道。新赛道的产生路径，就是企业试错促使产业价值链从无到有。在一个时期内，将某些原创技术转化为产品、产生新的商业模式、进入新的市场的企业一般不止一家，它们选择了不同的技术路线或不同的商业模式实施技术转化。但最后往往是其中的一家或几家得到市场的认可从而迅速成长起来，成为新兴产业的领头羊、改变世界的大企业，这一过程就是企业试错的过程。当初期试错者取得成功，表现出强大的生命力时，就会吸引大量企业涌入，一批选择了同一技术路线且处于产业链不同环节的企业逐渐聚集在一起，彼此结成以同一技术路线为基础的产业技术联盟，上下游较为完善的产业链生态逐步形成，即新的产业价值链、产业形态开始显现，直到一个全新的新兴产业诞生。

新赛道预示着未来产业的趋势，是新兴产业中最具爆发力、最有引领性的部分。新赛道中会诞生更多的高技术企业、高价值企业和高成长企业。随着我国经济进入高质量发展阶段，地方政府在产业发展方面的压力越来越大，普遍面临两大任务，即传统产业转型升级和新兴产业培育打造。对于各地方来说，产业发展不再是补齐产业链，而是找赛道，找适合本地的未来产业爆发点。目前，依托城市、社会、产业、消费等特色场景，已涌现出智慧出行、互联网医疗、数字金融、智慧物流等众多新赛道，推动着商业模式创新与产业业态创新。

（1）智慧出行赛道：是传统交通运输业和互联网有效渗透融合，对原有闲置的出行工具进行整合，推动"线上资源合理分配，线下高效优质运行"而形成的赛道。GIS、移动互联网技术等在出行、定位、停车等方面发挥赋能作用，推动出行向绿色化、便利化方向发展，形成了共享出行、出行网络工具、位置服务、智慧停车4个新赛道。

（2）互联网医疗赛道：主要基于数字技术等对医疗健康领域不同主体的服务方式赋能而形成。在新技术突破、消费升级及疫情防控的带动下，数字技术、通信技术等通过全方位颠覆医院诊疗、政府公共卫生防御、个人健康管理等领域，推动优质医疗资源共享、诊疗效率及准确率提升、个人健康管理更加便利等，形成了AI诊疗、医疗大数据、互联网医院、数字健康管理4个新赛道。

（3）数字金融赛道：是基于互联网、人工智能、大数据等数字技术对消费场景下的支付方式进行变革，并逐渐拓宽领域、快速发展壮大的赛道。随着付费方式从现场的现金支付、刷卡支付到当下普遍实现的无现金线上支付，第三方支付新赛道率先形成，数字技术对保险、风控、融资、理财、服务等更多金融业务服务方式和内容创新进行赋能，进而形成互联网银行、消费金融、智慧保险、智能风控、供应链金融、智能投顾等更多新赛道。

（4）产业互联网赛道：基于垂直产业领域的高效链接需求及相关系统设备支撑而形成。重点围绕农业、服务业及支撑实现互联的基础设施等方面，涌现出了重工业互联网、轻工业互联网、农业互联网、服务业互联网、工业互联网系统5个新赛道。

（5）企业数字化服务赛道：是数字技术赋能企业内外部各类办公场景而形成的赛道。重点围绕营销、人力、财税、会议、办公空间等多个场景，形成了数字营销、数字人力、数字运营工具、众创空间、云会议 5 个新赛道。

（6）智慧物流赛道：是基于数字技术对货物商品输送方式进行变革而产生的赛道，推动配送方式由传统的现场提货转变为第三方配送。目前，以消费者需求为导向，物联网、大数据等技术已赋能运输、配送等物流的各个重点环节，提升了运输时效，整个物流产业朝着智慧化、网联化、平台化方向发展，形成了同城配送、零担物流、网络货运、末端配送、智慧综合物流服务 5 个新赛道。

（7）数字文娱赛道：体现了从线下关系娱乐发展为线上志同道合的社群互动娱乐的显著变化。随着游戏、影视、体育等文娱方式线上化，文娱内容数字化发展，形成了体育科技、短视频、在线旅游、数字音乐、知识付费、游戏竞技、数字影视、网络文学、数字资讯 9 个新赛道。

（8）电子商务赛道：是新一代信息技术对传统购物方式进行变革的重要体现，使购物从以往的线下实体店转移至线上。随着线上购物方式被广泛接受，互联网、大数据等技术推动各个消费领域和零售方式不断变革，电子商务主赛道逐渐衍生出生鲜电商、母婴电商、酒品电商等面向垂直领域的电子商务新赛道，以及社区零售、无人零售、网红爆品等创新零售方式的电子商务新赛道。

5. 软性文化机制

自由文化是人类创新生态的动力源泉，繁荣学术、鼓励冒险、容忍失败、平等开放是其重要体现。自由文化有助于思想观念的开放，人类的思想观念是支配人类创新行为的根本动力，是新经济生态中的能量流。包容、自由与开放是自由文化形成的 3 个关键词：容忍失败、鼓励冒险是包容的体现；质疑权威、自由选题是自由的体现，为繁荣学术提供广阔的发挥空间；充满好奇心、开放式创新及人才流动是开放的体现，形成平等、开放的大环境。

灵活机制是生态适应性的核心表现，需要与时俱进、动态调整的新政策、新体制和新模式作为支撑。在产业生态中，不仅创新个体需要有灵活机制以适应多变的外部环境，更重要的是政府也应具备必要的灵活机制，包括新政策、新体制、新模式。灵活机制能够随着经济的阶段性成长实现适应性调整，能灵活地适应经济环境的变化，从而更好地促进创新链、产业链、市场需求的有机衔接，营造良好的创新环境。

国际宜居是生态建设的重要保障，重点是满足高端人才在居住、创业、社交等方面的需求。以国际宜居为导向完善城市功能，使高端人才获得更多的幸福感和归属感，有助于各类要素资源的汇聚，从而促进创新创业生态的发展。配备一流的国际人才社区，建立功能完善的国际购物中心，引进国际学校、高级医疗中心等教育、医疗机构，满足高端人才的生活需求。针对商务人士、科技人才、创业人群等高端人才的生活特征，加强自然和人文资源的保护与开发，提供舒适宜人的环境。建立国际交流中心、高科技会展中心等高端社交配套，完善高端人才交流功能。提供主题公园、科技馆、电影院、星级酒店等文娱配套设施，丰富高端人才的休闲生活。

6.3.4　数字孪生生态发展路径

1. 强化生态标准引领

与传统的智慧城市相比，数字孪生城市更加突出技术集成和业务协同，为强化一体化，在智慧城市标准体系的基础上，须强化生态标准引领，从总体、基础设施、数据、技术平台、应用场景、安全、运营运维等方面建立数字孪生城市标准体系：在总体上，要形成全新术语体系、总体参考架构和评估评价体系；在基础设施方面，加强数据的整体采集、高速率传输和高效率计算等；在数据方面，形成融合一体的数据资源服务体系；在技术平台方面，突出五大技术体系的平台构建与互联互通；在应用场景方面，突出"一网统管""一张蓝图"等业务系统的应用场景；在安全方面，加强孪生体安全保障；在运维方面，注重数据运营、平台运营、应用迭代运营等。同时，为促进项目实施与标准规范的深度融合、全面衔接，形成生态标准引领实施，标准体系应与数字孪生城市实施全过程、五大技术体系相对应，针对数字孪生实施过程中的问题痛点开展标准编制，并不断验证修订标准规范，为高质量数字孪生生态发展奠定基础。

2. 搭建数字孪生城市底座

为支撑数字孪生体的高效运行，满足城市各类智能化运行场景需求，保障城市全域空间布局的智能化设施感知信息流动，须加强智慧城市顶层设计，建立统筹推进的组织体系和管理机制，组建集管理和运营于一体的专业化团队，搭建数字孪生城市底座。数字孪生城市底座在传统智慧城市建设所必需的物联网平台、大数据平台、共性技术赋能与应用支撑平台的基础上，增加 CIM 平台。该平台不仅具有城市时空大数据平台的基本功能，更重要的是成为在数字空间刻画城市细节、呈现城市特征、推演未来趋势的综合信息载体。此外，在数字孪生理念的加持下，传统的物联网平台、大数据平台、共性技术赋能与应用支撑平台的深度和广度全面拓展，功能、数据量和实时性大幅增强，如与数字孪生相关的场景服务、仿真推演、深度学习等能力将着重体现。

在数字孪生城市底座搭建方面，"智慧雄安"的规划建设制定了很多保持30～50年领先的目标，比如首次提出数字孪生城市的建设理念，从架构上将大数据、人工智能、区块链等作为技术底座，为这座现代化新城市提供了有力的信息技术支撑。未来的雄安新区可进行跨部门、跨领域、跨区域的即时数据处理和数据融合应用创新。

3. 开放数字孪生场景机会

场景为数字孪生价值变现提供赛道，为用户体验孪生提供空间，成为供需两侧关注的焦点。随着"国家治理体系和治理能力现代化""一网统管""数字化改革""碳达峰碳中和"等政策及理念的广泛推广，相关政策对城市建设与发展提出了新的要求，亟须结合时代特征，筛选开放一批城市级、综合性、复杂性应用场景机会，依托数字孪生城市空间分析计算、动态模拟仿真推演、云计算等技术优势，解决城市跨行业、跨部门协同综合治理方面的难题，充分释放数字孪生城市的高价值。同时，围绕智慧城市建设场景，政府须主动开放数据资源，为数字孪生城市技术方案和应用场景迭代开发与测试验证创造条件，促进建设方案不断成熟，应用不断深化。

4. 加强多元主体交流合作

数字孪生本质上是一个知识集成、技术集成、数据集成、算法集成、工具集成、应用集成等智力集成的巨大工程，必须有一个强有力的产业生态提供支持并进行紧密协作，亟须改变原有政府建设、业务驱动、系统思维、封闭体系的做法，在保证安全的前提下，加强多元主体交流合作，向社会公平地开放服务接口、数据资源和市场机会，使企业、创业者以及创客能进行二次开发和利用，形成更加符合民众需求的服务和更具有市场价值的产品。向社会开放政务数据和公共数据，吸引企业、创业者和市民参与智慧城市建设，借助市场和社会的力量提供更好的服务，降低政府在智慧城市领域的投入，并以此构建"互联网＋智慧城市"的创新生态，使政府、企业、创业者、NGO 和市民在创新生态中获得价值，实现共赢发展。

5. 加强城市市场化运营

当前数字孪生城市的应用场景多集中在城市规划建设、综合管理、防灾应急等领域，用户主要为政府部门、资产所有方等。未来数字孪生城市的用户将从政府侧向企业侧延伸，社会范围内的共建共享将成为主流模式。政府可通过开放数字孪生城市数字底座，加强部分项目的商业化运营，为数字孪生城市建设寻找可持续的经营动力。如作为数字孪生城市重要元素的城市大脑，其专业、高效的运营能力决定了数字孪生城市能否可持续发展。城市大脑的运营不能仅依赖政府部门的力量，须联合社会各界汇聚众智，组建集政府管理、业务运营、平台运营、数据运营、安全运营于一体的数字孪生城市治理专业化运营队伍，以"管理一盘棋、服务一站式"为原则，建立长效运营机制，制定城市运行相关的业务应用、平台运营、数据运营、技术运维等流程和规范，最大限度地释放数字孪生技术红利，推动城市向自我优化、自我决策、内生发展的高度智能的现代化治理体系演进。

6. 探索生态共治机制

不同于传统智慧城市建设，数字孪生城市更关注人的参与和体验，强调以人为本，通过多主体、多层次的创新实现持续服务和运营。完全由政府主导缺乏运营效率，完全由企业主导又缺乏战略高度，因此，数字孪生生态建设既要引入社会主体，又要适度监管和引导，需要探索政府、企业、市民多元主体参与的"共治"模式。政企合作是政府与社会资本为提供公共产品或公共服务而建立的合作关系，也是社会力量参与新型智慧城市建设的重要路径。探索产业共治机制，推动产业界、科技界、政府和公众等多元主体参与，设立业界共治委员会、专家咨询顾问委员会等，寻求新经济制度创新，以适应新经济发展规律，满足产业跨界对全新行业规则的迫切需求，从根本上解决新经济现象与传统产业制度的冲突，形成市场有效、政府有为、企业有利、协同高效的发展环境。

参考文献

[1] 中国信息通信研究院. 数字孪生城市白皮书[R/OL]. (2022-07-01)[2025-07-02].

[2] 亿欧智库. 2019年中国智慧城市发展研究报告[R/OL]. (2019-01-01)[2025-07-02].

[3] 全国信息技术标准化技术委员会智慧城市标准工作组. 城市数字孪生标准化白皮书[R/OL].

[4] 张育雄. 数字孪生城市技术体系框架初探[J]. 移动通信, 2020, 44(6): 1-6.

[5] 中国电子信息产业发展研究院. 数字孪生白皮书 (2019) [R/OL]. (2019-04-02)[2025-07-02].

[6] 赛迪研究院. 数字孪生白皮书 (2019版) [R/OL]. (2019-04-02)[2025-07-02].

[7] 程钰俊, 吕高锋, 林克, 等. 物联网大数据赋能数字孪生城市建设[J]. 广东通信技术, 2022, 42(02): 49-54+71.

[8] 王文跃, 李婷婷, 刘晓娟, 等. 数字孪生城市全域感知体系研究[J]. 信息通信技术与政策, 2020, 46(03): 20-23.

[9] 封顺天, 张东, 张舒, 等. 数字孪生城市开启城市数字化转型新篇章[J]. 信息通信技术与政策, 2020(3): 9-15.

[10] 李林, 程承旗, 任伏虎. 北斗网格码: 数字孪生城市CIM时空网格框架[J]. 信息通信技术与政策, 2021(11): 25-32.

[11] 鲍巧玲, 杨滔, 黄奇晴, 等. 数字孪生城市导向下的智慧规建管规则体系构建——以雄安新区规划建设BIM管理平台为例[J]. 城市发展研究, 2021, 28(08):50-55+106.

[12] 陶飞, 张萌, 程江峰, 等. 数字孪生车间——一种未来车间运行新模式[J]. 计算机集成制造系统, 2017, 23(1): 1-9.

[13] 唐堂, 滕琳, 吴杰, 等. 全面实现数字化是通向智能制造的必由之路——解读《智能制造之路: 数字化工厂》[J]. 中国机械工程, 2018, 29(3): 366-377.

[14] 王飞跃. 关于复杂系统研究的计算理论与方法[J]. 中国基础科学, 2004, 6(5): 5-12.

[15] 涂伟, 曹劲舟, 高琦丽, 等. 融合多源时空大数据感知城市动态[J]. 武汉大学学报 (信息科学版), 2020, 45(12): 1875-1883.

[16] 沈沉, 贾孟硕, 陈颖, 等. 能源互联网数字孪生及其应用[J]. 全球能源互联网, 2020, 3(1): 1-13.

[17] EBRAHIMI A. Challenges of developing a digital twin model of renewable energy generators[C]//2019 IEEE Green Technologies Conference (GreenTech). Lafayette, LA, USA: IEEE, 2019: 1-4.

[18] 高扬, 贺兴, 艾芊. 基于数字孪生驱动的智慧微电网多智能体协调优化控制策略[J]. 电网技术, 2021, 45(07): 2483-2491.

[19] 蒲天骄, 陈盛, 赵琦, 等. 能源互联网数字孪生系统框架设计及应用展望[J]. 中国电机工程学报, 2021, 41(6): 2012-2029.

[20] ONDECK A, EDGAR T F, BALDEA M. A multi-scale framework for simultaneous optimization of the design and operating strategy of residential CHP systems[J]. Applied Energy, 2017, 205: 1495-1511.

[21] WATARI D, TANIGUCHI I, GOVERDE H, et al. Multi-time scale energy management framework for smart PV systems mixing fast and slow dynamics [J]. Applied Energy, 2021, 289.

[22] 孙桦, 潘洪艳, 韩继红. 从BIM到CIM——绿色生态城区的智慧实现策略[J]. 建设科技, 2019(1): 52-25.

[23] 段志军. 基于城市信息模型的新型智慧城市平台建设探讨[J]. 测绘与空间地理信息, 2020, 43(8): 138-139+142.

[24] 包胜, 杨淏钦, 欧阳笛帆. 基于城市信息模型的新型智慧城市管理平台[J]. 城市发展研究, 2018. 25(11): 50-57+72.

[25] 陶飞, 张辰源, 戚庆林, 等. 数字孪生成熟度模型[J]. 计算机集成制造系统, 2022, 28(5): 1267-1281.

[26] 陶飞, 张贺, 戚庆林, 等. 数字孪生模型构建理论及应用[J]. 计算机集成制造系统, 2021, 27(1): 1-15.

[27] 李浩, 王昊琪, 刘根, 等. 工业数字孪生系统的概念、系统结构与运行模式[J]. 计算机集成制造系统, 2021, 27(12): 3373-3390.

[28] 陶飞, 刘蔚然, 张萌, 等. 数字孪生五维模型及十大领域应用[J]. 计算机集成制造系统, 2019, 25(1): 1-18.

[29] 杨坤, 徐火清, 樊寒冰, 等. 基于EFDC模型的乌东德水库水质模拟推演系统[J]. 水利信息化, 2019(3): 50-54+61.

[30] 梁兴辉, 张旭冉. 治理现代化视角下数字孪生城市建设机制与路径研究[J]. 高科技与产业化, 2022, 28(2): 52-57.